U0022687

深智數位
股份有限公司

前言

　　視覺、聽覺、觸覺、嗅覺、味覺是人類擁有的五種感官，每一種感官都為我們提供了關於我們生活的世界的獨特資訊。儘管這五種感官各不相同，但是我們對周圍世界的感覺卻是統一的多感覺體驗，並不雜亂。粗略地說，人類可透過多種感官獲得對物理世界的統一的多模態的體驗。隨著行動網際網路的發展，透過多個模態的資訊共同表示的資料的規模迅速增大，迫切需要發展綜合處理多個模態資訊的理論、方法和技術。因此，多模態資訊處理的研究具有重要的科學意義和廣泛的應用需求。

　　在深度學習出現以前，多模態資訊處理的研究進展較為緩慢，主要集中在少數幾個特定任務上。2010 年之後，深度學習技術使用相同的基礎結構和最佳化演算法在影像、文字、語音資料處理上不斷取得突破，為將其應用於處理多模態資訊資料提供了條件。基於深度學習的方法幫助多模態資訊處理獲得了巨大的突破，提升了大多數已有多模態任務的性能，也使得解決更加複雜的多模態任務成為可能。因此，本書專注介紹基於深度學習的多模態資訊處理技術。

　　儘管多模態資訊處理近年來才成為人工智慧領域的研究熱點，但是本書作者有超過 10 年的多模態資訊處理研究經驗，且在 2013 年就發表過使用深度學習方法進行圖文跨模態檢索的研究論文。作者所在的北京郵電大學智慧科學與技術中心團隊也為 2012 級及以後的智慧科學與技術專業大學生開設了「多模態資訊處理」課程。本書正是以這門課程的講義為主要內容撰寫而成的，是團隊在多模態資訊處理領域長期的科學研究和教學成果的結晶。

　　內容上，本書力求系統地介紹基於深度學習的多模態資訊處理技術，偏重介紹最通用、最基礎的技術，覆蓋了多模態表示、對齊、融合和轉換 4 種基礎技術，同時也介紹了多模態資訊處理領域的最新發展前端技術——多模態預訓練技術。此外，為了讓讀者可以實踐這些多模態深度學習技術，本書提供了 4 個可執行的、完整的實戰案例，分別對應多模態表示、對齊、融合和轉換這 4 種基礎技術。

　　本書可作為多模態資訊處理、多模態深度學習等相關課程的教學參考書，適用於高等院校智慧科學與技術和人工智慧等專業的大學生、研究所學生，同時可供對多模態深度學習技術感興趣的工程師和研究人員參考。

本書主要內容

　　如圖 1 所示，本書內容分為 4 部分：初識多模態資訊處理、單模態深度學習表示技術、多模態深度學習基礎技術、多模態預訓練技術。

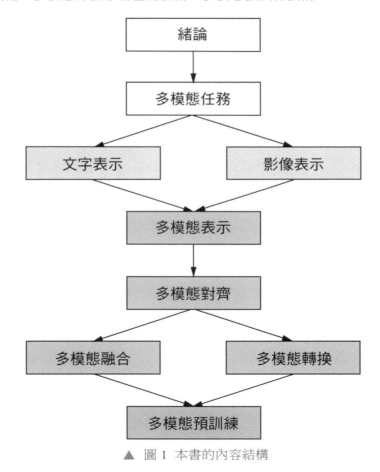

▲ 圖 1 本書的內容結構

第一部分包括第 1 章和第 2 章，第 1 章介紹多模態資訊的基本概念、困難、使用深度學習方法的動機、多模態資訊處理的基礎技術，以及這些技術的發展歷史，第 2 章介紹若干熱門的多模態研究任務。

第二部分包括第 3 章和第 4 章，分別介紹多模態深度學習模型中常用的文字表示和影像表示技術。

第三部分包括第 5 ～ 8 章，分別介紹特定任務導向的基於深度學習的多模態表示、對齊、融合和轉換這 4 種技術，且每章都提供了一個可執行的、完整的實戰案例。

第四部分即第 9 章，介紹綜合使用上述基礎技術，並以學習通用多模態表示或同時完成多個多模態任務為目標的多模態預訓練技術。

致謝

感謝現在和曾經在北京郵電大學智慧科學與技術中心從事多模態深度學習研究的全體老師和同學，本書的不少內容得益於團隊的研究成果。

感謝微軟亞洲研究院的吳晨飛博士為第 7 章的實戰案例部分提供的程式支援。本書的撰寫參閱了大量的著作和文獻，在此一併表示感謝！

感謝北京清華大學出版社為本書出版所做的一切。

由於作者水準有限，書中不足及錯誤之處在所難免，敬請專家和讀者給予批評指正。

目錄

1 緒論

2 多模態任務

3　文字表示

4 影像表示

5 多模態表示

6　多模態對齊

7 多模態融合

8 多模態轉換

9 多模態預訓練

緒論

1

本章首先介紹模態以及多模態資訊處理的基本概念；然後介紹這些多模態資訊處理任務面臨的最本質困難，即不同模態的資訊是高度異質的；接著闡述和傳統的「淺層」學習相比，深度學習方法在應對這一困難時的優勢；最後歸納總結多模態資訊處理的基礎技術，並介紹多模態深度學習技術的發展歷史。

1.1 多模態資訊處理的概念

談到多模態，我們很容易想到知覺。知覺是人類擁有的一項神奇的能力，通常由五種感官整合而得到：視覺、聽覺、觸覺、嗅覺、味覺。這些來自不同感覺系統的資訊的整合，對人類產生出關於世界完整一致的表徵非常重要。比如我們在學習「蘋果」這個概念時，會綜合視覺（看）、觸覺（摸）、嗅覺（聞）和味覺（嘗）等多種感覺的資訊，即該概念在人腦中的表示是多個感官綜合的結果。在理解事物時，當提供多於一種知覺資訊時，通常表現得更精確或高效。舉例來說，在看電影時，字幕有助我們理解電影內容，即使是中文電影，也同樣如此。此外，人類的不同感官資訊之間也有著微妙的聯繫，舉例來說，餐廳燈光的強弱會影響人的食欲、海浪聲會讓我們感覺生蠔更鹹、飛機餐不好吃與引擎的雜訊密切相關。

在研究中，我們並不會把「感官」和「模態」兩個概念完全等同起來。因為每一種感官資訊都包含多種具體形式。比如，視覺常見的形式有影像、視訊、文字（書面語言）等；聽覺常見的形式有語音（口頭語言）、聲音、音樂等。此外，除了人類的感官資訊，為了和物理世界更進一步地互動，不同應用領域也會利用感測器擷取形式各異的資訊。比如，自動駕駛汽車通常會利用雷射雷達擷取 3D 點雲資訊，在黑暗環境中利用熱成像相機擷取環境熱量資訊，在低速行駛或泊車時利用超聲感測器擷取近場障礙資訊；醫療領域的認知障礙診斷通常會利用穿戴裝置擷取人的睡眠品質、步態、行走距離等日常行為資訊，利用近紅外腦電成像儀擷取腦電資訊。這裡的每一種具體的資訊表示形式都可以被稱為模態。也就是說，「模態」是一種細粒度的資訊表示概念。

近十年，隨著行動網際網路的迅猛發展，網際網路上的大多數事物都是透過多個模態的資訊共同表示的。比如旅遊時分享的照片通常會搭配若干標籤或文字描述旅遊的經歷；電子商務網站通常透過文字描述、圖片甚至視訊等資訊介紹商品；線上音樂產品通常也包含歌曲音訊、歌詞以及評論等資訊。因此，為了讓電腦具備分析這些資料的能力，同時處理多個模態資料的多模態資訊處理技術應運而生。多模態資訊處理領域主要研究用電腦理解和生成多模態資料的各種理論和方法，是當前人工智慧領域的前端陣地之一。

1.2 多模態資訊處理的困難

和電腦視覺、自然語言處理這類以單一模態資訊為研究物件的研究領域不同，多模態資訊處理的研究物件包含多個模態的資訊。因此，多模態資訊處理既要獨立分析每個模態的資訊，還要綜合分析多個模態的資訊。綜合分析多個模態資訊面臨的最大困難是不同模態的資訊是高度異質的，往往具有本質的差異性。以圖 1.1 所示的影像資訊和文字資訊為例，影像通常表示成一個像素矩陣，文字通常表示成離散序列。從基礎單元上看，影像資訊中的單一像素和文字資訊中的單一詞沒有任何連結；從時間維度上看，影像資訊更偏向於是連續的，而文字資訊通常是離散的；從空間維度看，影像資訊通常是二維延展的，而文字資訊通常是一維的時間序列；從資訊表達粒度上看，影像資訊通常是具體而低容量的，文字資訊更多是抽象而高容量的。影像和文字資訊之間存在的這種異質鴻溝給綜合分析圖文資訊帶來了巨大的困難。

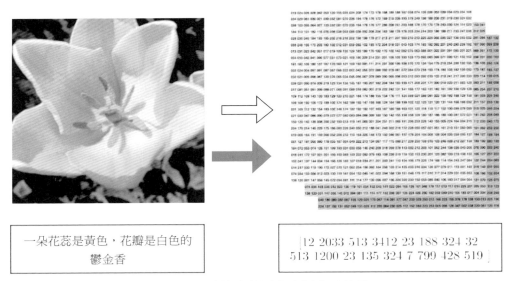

一朵花蕊是黃色，花瓣是白色的鬱金香

$$[12 \ 2033 \ 513 \ 3412 \ 23 \ 188 \ 324 \ 32$$
$$513 \ 1200 \ 23 \ 135 \ 324 \ 7 \ 799 \ 428 \ 519]$$

▲ 圖 1.1 計算中的圖文資訊表示差異

此外，由於不同模態資訊之間存在的這種巨大的差異，在相當長的時間裡，各個模態對應的領域的研究工具和基礎技術截然不同，這些不同表現在資料獲取、特徵提取、模型選取等機器學習的多個階段，而且，每個模態對應的研究領域本來就存在許多急需解決的問題。因此，各個領域的研究者交流甚少，進而導致多模態資訊處理領域的研究集中在視聽語音辨識、跨模態檢索、多模態情感計算等幾個特定問題上，進展緩慢。

1.3 使用深度學習技術的動機

深度學習在影像、語音和文字資料處理上的成功表現為將其用於建模多模態資料、發展多模態資訊處理技術提供了依據。相對於傳統的「淺層」學習，深度學習用於建模多模態資料有以下三個重要的優勢。

第一，多模態資料的底層特徵是異質的。如前所述，不同模態的資料之間存在很大的差異，比如文字表示通常是離散的，而影像表示則是連續的，因此很難在這個層面建立不同模態資料之間的連結。而深度學習的網路層次通常在三層以上，不同模態的資料經過多層非線性變換的抽象（而非淺層學習中的一層或兩層）後，有可能在高層表示中產生更易於發現的連結。

第二，無論是處理影像、語音資料，還是處理文字模態的資料，深度學習模型所使用的基本單元和基本結構都是類似的。基本單元是各種神經元模型及其變種，基本結構包括多層、卷積、循環、注意力等。這些基本單元和基本結構在處理不同模態資料，自動獲取不同模態資料的特徵時均表現出有效性，這與已有的一些「淺層」模型需要大量的人工建構資料的特徵相比，具有更好的通用性，為建立統一的可點對點訓練的多模態資料模型提供了可能。

第三，以單模態預訓練模型為基礎的表示學習技術的發展大大縮小了不同模態之間的差異。比如影像表示往往提取自在大規模影像分類資料集上學習的深層卷積神經網路的較高層。這些高層表示是建立具體的影像像素和抽象的語義標籤之間連結的橋樑，且離語義標籤較近，因此，往往已經包含了豐富的語義資訊，易於和文字建立連結。

1.4 多模態資訊處理的基礎技術

根據多模態資訊處理的概念，涉及兩種及兩種以上模態資訊的任務都是多模態資訊處理任務。因此，多模態資訊處理涉的任務多種多樣，新任務層出不窮，提出新任務本身就是多模態資訊處理領域的研究熱點之一。這給剛涉足該領域的人帶來較大的困擾。實際上，這些看似複雜的多模態任務所涉及的基礎技術都可以歸納為如圖 1.2 所示的表示、對齊、融合和轉換 4 種技術。下面分別加以介紹。

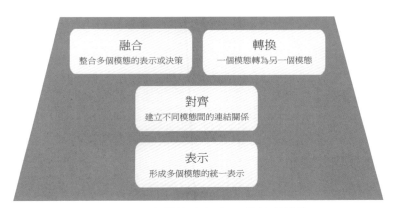

▲ 圖 1.2 多模態資訊處理的基礎技術

1.4.1 表示技術

表示技術即形成多個模態資訊的統一表示的技術。該技術充分挖掘不同模態資料之間的互補性和一致性，為多個模態資料學習一個單一的共用表示，即在表示空間中融合所有模態資料的資訊；或為每個模態資料學習單獨的對應表示，即在不同模態的表示空間中增加一致性約束，以建立多模態資料間的對應連結。

1.4.2 對齊技術

對齊技術即建立不同模態資訊之間的連結關係的技術。該技術充分挖掘不同模態資料之間整體和局部的連結關係，可以直接用於處理多模態匹配任務，如圖文跨模態檢索、指代表達理解；也可以作為融合和轉換技術的前置基礎技術，配合簡單的操作形成複雜強大的融合和轉換技術。

1.4.3 融合技術

　　融合技術即整合多個模態的表示或決策的技術。該技術充分融合各個模態的表示或決策，可直接用於完成多模態決策任務，如視訊分類、視覺問答；也可以作為匯聚多個模態表示的基礎技術，應對各種多模態資訊處理任務。

1.4.4 轉換技術

　　轉換技術即將一個模態（來源模態）轉為描述相同事物的另一個模態（目標模態）的技術。該技術充分挖掘來源模態資料中能夠以目標模態形式展示出的資訊，並以此為基礎生成目標模態資料，可用於處理影像語言描述、指代表達生成、文字生成影像等任務。

　　需要說明的是，一般情況下，針對特定多模態任務的早期研究僅涉及一種基礎技術，但是隨著技術的發展，會同時使用多種基礎技術。比如，在根據影像和問題生成答案的任務中，早期的工作僅使用融合技術拼接影像表示和問題表示，得到回答，但是之後的工作大多先使用對齊技術篩選出影像中和問題相關的區域，然後使用融合技術整合這些區域和問題，得到更精準的回答；在根據文字描述生成自然圖片的任務中，早期的研究僅利用轉換技術直接將文字映射到影像空間，但是之後的研究大多先利用轉換技術將文字轉換成較低解析度的影像，然後利用對齊技術將影像區域和文字詞對齊，接著使用融合技術整合對齊前後的影像，最後再次利用轉換技術生成更高解析度的影像。

1.5　多模態深度學習技術的發展歷史

　　在深度學習出現以前，多模態資訊處理的研究進展較為緩慢，主要集中在視聽語音辨識、跨模態檢索和多模態情感計算等少數幾個特定任務上。多模態資訊處理技術也侷限於處理各個特定任務之中，難以抽象出統一的框架。

　　2010 年之後，以多層神經網路為基礎結構的深度學習技術迅速興起。深度學習直接以原始訊號作為模型的輸入，不再依賴人工設計的特徵。舉例來說，文字表示從傳統的獨熱編碼和詞袋特徵逐步發展為在大規模資料集上預訓練的文字表示。深度學習時代的文字表示先後經歷了基於詞嵌入的靜態詞表示、基於循環神經網路的動態詞表示和基於注意力的預訓練語言模型表示三個發展階段。而影像表示同樣從基於像素值和梯度統計量的詞袋特徵發展為在大規模資料集上預訓練的深度網路表示。深度網路表示的形式也從基於卷積神經網路的整體表示和網格表示，逐步發展為基於物件辨識模型的區域表示、基於視覺transformer 的整體表示和區塊表示，以及為了建模影像的分佈資訊以完成影像生成任務的基於自編碼器的壓縮表示。

圖 1.3 展示的基於深度網路的表示技術豐富了多模態資訊處理模型的輸入形式，顯著提升了模型的性能，使得我們可以解決更複雜的任務。影像 / 視訊描述、視覺 / 視訊問答、視覺對話、文字生成影像、指代表達的理解和生成，以及語言引導的視覺導航等任務相繼成為多模態深度學習的研究熱點。多模態資訊處理領域也正式進入多模態深度學習時代。

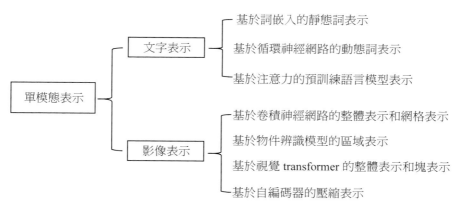

▲ 圖 1.3 常見的基於深度網路的文字和影像表示

得益於基於深度網路的輸入形式的快速發展，再加之深度學習在處理各個模態都採用可點對點訓練的神經網路結構，多模態任務導向的模型得以透過點對點的方式被訓練。多模態資訊處理的各項基礎技術——表示、對齊、融合和轉換，也都隨之獲得了新的突破。

首先取得突破的是多模態表示技術。在機器學習裡，表示學習的目標是學習統一的普適表示，以在習得的表示基礎上利用相對簡單的機器學習模型完成多種任務。深度學習方法所使用的深層結構使得其可以學習到抽象程度較高的表示，契合表示學習的目標，也促成了多模態表示技術的進步。在深度學習早期，深度自編碼器、深度信念網路和深度玻爾茲曼機這三個經典的表示學習模型，都被擴展至多模態模型，以學習通用的多模態共用表示。這些表示在視聽語音分類、影像標注和圖文分類等多個多模態任務上獲得了驗證。隨後，為了在展現層直接獲取不同模態資訊的對應關係，完成跨模態檢索任務，研究者提出若干對應表示學習方法，包括基於重構損失、排序損失和對抗損失的方法。這些方法以學習通用的多模態表示為目標，期望結合簡單的模型就可以勝任多種任務。然而，此時的多模態表示研究尚處於學習整體表示的階段，即模型所依賴的單模態表示和所習得的多模態表示均為單一多維向量，這不足以獲得比為特定任務設計的模型更好的性能。

此後，多模態深度學習的研究人員的焦點轉向如何針對特定多模態任務設計深度學習模型，而不再關注如何學習通用的多模態表示。在這期間，多模態對齊、融合和轉換技術都取得了巨大進展。

在多模態對齊方面，不滿足於多模態對應表示學習技術僅能粗粒度地建立不同模態資訊的整體對齊連結的現狀，借助注意力技術，研究人員提出交叉注意力來挖掘跨模態的細粒度局部對齊關係，用一個模態的局部表示的線性組合表示另一個模態的整體或局部表示。交叉注意力的出現直接提升了跨模態檢索、視覺問答等任務的性能。之後，先利用自注意力分別建模各個模態資訊，再利用交叉注意力實現跨模態局部對齊的方法成為最主流的多模態對齊方法。儘管此類基於注意力的方法已經盡可能多地建模了跨模態的細粒度關係，然而，隨著需要建模的局部數量的增加，執行自注意力操作的時間和運算資源消耗會變得非常大。於是，研究人員提出基於圖神經網路的方法。具體而言，該方法首先將各個模態的資料分別以圖結構的形式表示，再在圖結構表示上挖掘跨模態對齊關係。由於圖形式的表示包含了大量的先驗資訊，因此該方法避免了建模大量的容錯關係，有效降低了建模過程的時間複雜度，也增強了模型的可解釋性。

在多模態融合方面，由於多模態深度學習模型大多可以被點對點地訓練，融合可以天然發生在多層網路的任意層次，因此，作為之前的研究熱點之一的融合時機不再重要，研究的焦點鎖定在具體的融合方式。早期的研究一般使用拼接、逐位元相加等線性方式整合多個模態的表示，然後使用單模態模型對融合表示進行進一步建模。為了能更細粒度地融合多模態表示，研究者們計算不同模態資訊整體表示的外積，使得不同模態表示之間任意兩個元素都能產生連結。這類方法被稱為雙線性融合。之後，基於注意力的融合方法因其具備出色的多模態局部表示融合能力，成為多模態融合最主流的方法。具體的融合方式從對交叉注意力對齊前後的表示執行求和或拼接等簡單操作，過渡到多次簡單的堆疊交叉注意力，最終發展為利用 transformer 結構將交叉注意力改造為交叉 transformer。

在多模態轉換方面，研究人員不再需要採用傳統的多階段使用多個模型完成不同子任務的方式，而是直接採用可點對點訓練的轉換模型。舉例來說，受採用編解碼框架的機器翻譯模型的啟發，基於影像編碼器 - 文字解碼器框架的模型被廣泛應用於影像描述任務。深度學習中可選擇的影像編碼器和文字解碼器非常豐富：影像編碼器包括卷積神經網路、物件辨識網路、視覺 transformer 等；而文字解碼器包括循環神經網路、注意力網路、transformer 解碼網路等。這些不同轉碼器的組合極大豐富了影像到文字轉換的技術手段。而在文字到影像轉換方面，生成對抗網路在影像生成領域的成功使得其一度成為文字生成影像任務中的主流方法。除了採用基於條件生成對抗網路的基本模型，基於生成對抗網路轉換的技術還引入了可聯合訓練的多階段生成網路、注意力生成網路和圖文對齊網路等來提升生成影像的解析度和可信度。之後，影像離散表示技術的出現使得可以先將影像表示為可重構圖像的離散序列，然後使用基於 transformer 的編解碼模型完成文字生成影像任務。最近，擴散模型代替生成對抗網路，成為文字到影像轉換技術最常用的模組。

2018 年，預訓練語言模型的出現標誌著自然語言處理領域真正進入「預訓練 - 微調」時代。這類預訓練語言模型具備了優秀的通用性，在處理下游任務時，其結構幾乎不需要修改。同時，電腦視覺領域的自監督學習研究也得到突破。基於此，加之此前模態對齊、融合和轉換技術的充分發展，多模態深度學習領域也開始使用較為通用的模型結構和多模態表示完成多種多模態任務，這類方法統稱為多模態預訓練方法。2021 年，OpenAI 在 4 億筆圖文對組成的資料集上訓練了學習對應表示的多模態預訓練模型 CLIP，在諸多設定下的影像單模態分類任務獲得了優異的性能。之後，研究人員利用 CLIP 模型習得的影像和文字表示提升了許多多模態任務的性能上限。和 CLIP 想法相似，北京智源人工智慧研究院等隨後也發佈了中文領域的學習對應表示的多模態預訓練模型「文瀾」，在許多中文相關的多模態任務上表現了出色的性能。目前，多模態預訓練方法的研究已經成為人工智慧領域最熱門的研究內容之一，甚至有潛力在邁向通用人工智慧的道路上扮演關鍵的角色。

如圖 1.4 所示，縱觀多模態深度學習技術的發展歷程，我們看到，早期方法以學習通用整體表示為目標，之後以完成特定任務為目標，充分發展了多模態表示、對齊、融合和轉換技術，最後在多模態預訓練技術中又回歸到以學習通用多模態表示或同時完成多個多模態任務為目標。本書將系統地介紹這些基於深度學習的多模態資訊處理方法。

通用整體表示學習技術
2011-20134

通用多模態預訓練技術
2019 年至今

特定任務導向的多模態表示、
對齊、融合和轉換技術
2014-2018

▲ 圖 1.4 多模態深度學習技術的發展歷程

1.6 小結

本章首先介紹了模態和多模態資訊處理的基本概念，然後分析了多模態資訊處理的困難，以及使用深度學習技術應對多模態任務的優勢，接著列舉了多模態資訊處理的四大基礎技術，最後概述了多模態深度學習技術的發展歷史。接下來，本書將系統地介紹多模態深度學習涉及的典型任務和基礎技術。

1.7 習題

1. 按照本書對模態的定義，判斷下面兩個任務是否屬於多模態任務：包含顏色資訊和深度資訊的彩色深度影像分類任務；包含影像多個角度顏色資訊的多角度影像分類任務。

2. 試分析影像模態和語音模態的差異性。

3. 分別列舉若干深度學習在建模影像、語音和文字資料上的成功案例。

4. 至少列舉 3 個生活中的多模態任務，寫出應對每個任務所需的最關鍵的多模態資訊處理基礎技術。

5. 闡述單模態深度學習技術對多模態深度學習技術的發展所起的推動作用。

6. 你認為影像資訊的引入是否能幫助完成自然語言處理任務？請嘗試說明。

多模態任務

　　第 1 章提到模態是一種細粒度的資訊表示概念，也就是說，任意形式的資訊都可以視為一個模態，例如自然影像、深度圖、文字、語音等。在許多模態中，影像和文字兩個模態的資料最容易收集，誕生了大量的相關研究工作，是最具代表性的多模態資料。因此，本書專注於影像和文字兩個模態的資訊處理技術。

　　本章將詳細介紹學術界五個典型的同時涉及影像和文字的多模態熱門研究任務，並舉出相應的常用資料集和評測指標。透過本章的學習，讀者將對圖文多模態資訊處理的主流任務有較為詳細的了解，為後續章節的學習做好準備。

2.1 圖文跨模態檢索

　　跨模態檢索（cross-modal retrieval，CMR）是指不同模態的資料相互檢索，即使用一個模態的資料作為查詢去檢索另外一個模態的資料。如圖 2.1 所示，圖文跨模態檢索任務包含兩個子任務：以圖檢文和以文檢圖。前者是以影像作為查詢，在文字候選集裡檢索匹配的描述；後者是以文字作為查詢，在影像候選集裡檢索匹配的影像。目前，網際網路上存在著巨量的影像和文字資料，並還在高速增長中。檢索這些資料是一個廣泛存在的應用需求。傳統的影像檢索、文字檢索技術大多集中在單模態資訊檢索問題上，即查詢和候選集屬於同一個模態。一些跨模態檢索服務，如百度圖片、Google 圖片等，在為輸入的文字查詢檢索圖片時，大多依賴圖片周圍已經標注好的文字資訊，其本質依然是單模態檢索。這樣會造成大量的不含文字資訊的圖片無法被成功檢索。單模態資訊檢索技術通常可以極佳地完成以文檢文、以圖檢圖等單模態資訊檢索任務，但不能有效解決跨模態檢索問題。因此，跨模態檢索技術具有重要的研究意義。

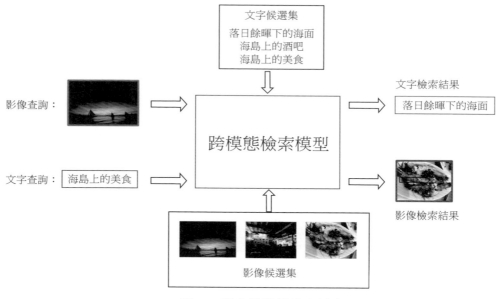

▲ 圖 2.1　圖文跨模態檢索任務

2.1.1 資料集

一般而言，跨模態檢索模型所依賴的訓練資料都只包含對齊的影像和文字，不包含圖文的其他（如類別、排序等）資訊。這樣的資料集最容易收集，現有的跨模態檢索也多是針對這樣的資料展開的。常用的資料集如下：

- Wikipedia[1]1：該資料集收集自 Wikipedia 的「Wikipedia featured articles」2 欄目。資料集包含 2866 個影像文字對，每一個影像文字對都被劃分到 10 個語義類別中的一個。資料集一般被分成 3 個子集：2173 個樣本為訓練集，231 個樣本為驗證集，剩下的 462 個樣本為測試集。

- Pascal Sentence[2]3：該資料集包含 20 個語義類別的影像文字對，每個類別包含 50 個樣本，樣本總數是 1000。資料集中的圖像資料是從 2008 Pascal 挑戰賽 4 提供的開發套件裡隨機選取的，每幅影像由人工標注 5 個句子。和資料集 Wikipedia 類似，該資料集也被分為三個子集：800 個樣本為訓練集（每類 40 個樣本），100 個樣本為驗證集（每類 5 個樣本），剩下的 100 個樣本為測試集（每類 5 個樣本）。

- NUS-WIDE-10k[3]5：NUS-WIDE[4] 是一個包含了約 270k 幅影像和文字標注資訊的資料集。資料集還包含了 81 個語義類別的標注資訊。NUS-WIDE-10k 是 NUS-WIDE 的子集，它選取其中數目最多的 10 個類別（animal、clouds、flowers、food、grass、person、sky、toy、water 和 window），每個類別選取 1000 個樣本。同時，保證每個訓練樣本只屬於一個類別。該資料集也同樣被隨機劃分成三個子集：8000 個樣本為訓練集（每類 800 個樣本），1000 個樣本為驗證集（每類 100 個樣本），剩下的 1000 個樣本為測試集（每類 100 個樣本）。

1　http://www.svcl.ucsd.edu/projects/crossmodal/

2　https://en.wikipedia.org/wiki/Wikipedia:Featured_articles

3　http://vision.cs.uiuc.edu/pascal-sentences/

4　http://pascallin.ecs.soton.ac.uk/challenges/VOC/voc2008/

5　https://lms.comp.nus.edu.sg/wp-content/uploads/2019/research/nuswide/NUS-WIDE.html

- Flickr8k[5]1：該資料集選取了圖片社交網站 flickr2 中的總計 8000 幅關於人或動物某種行為事件的影像。每幅影像都對應 5 個人工標記的句子描述。資料集劃分一般採用 Karpathy3 提供的方法：6000 幅影像和其對應句子描述組成訓練集，1000 幅影像和描述為驗證集，剩餘的 1000 幅影像和描述為測試集。

- Flickr30k[6]：和 Flickr8k 類似，該資料集同樣來源於圖片社交網站 flickr，包含 31000 幅影像，每幅影像同樣對應 5 個人工標記的句子描述。資料集劃分同樣採用 Karpathy 提供的方法：29000 幅影像和其對應句子描述組成訓練集，1000 幅影像和描述為驗證集，1000 幅影像和描述為測試集。

- MS COCO[7]：根據 2014 版劃分規則，該資料集包含 82783 幅影像組成的訓練集和 40504 幅影像組成的驗證集，每幅影像同樣對應 5 個人工標注的句子描述。資料集劃分同樣採用 Karpathy 提供的方法：全部的 82783 幅影像訓練集用於模型訓練，而驗證集和測試集則來自原驗證集中的 40504 幅影像，各 5000 幅。

需要注意的是，上述資料集中的 Wikipedia、MS COCO 等是包含類別資訊，但是這些類別資訊不會用於訓練，僅在部分評測指標中使用。

2.1.2 評測指標

評測跨模態檢索模型時，其查詢集和候選集一般均為全部測試集，其常用的評測指標如下。

（1）Recall@K：正確答案出現在前 K 個傳回結果的樣例佔總樣例的比例，衡量的是匹配的資料是否被檢索到。

---

1 https://www.kaggle.com/adityajn105/flickr8k

2 https://www.flickr.com/

3 http://cs.stanford.edu/people/karpathy/deepimagesent/caption_datasets.zip

（2）Median r：使得 Recall@K > = 50% 的 K 的最小設定值，衡量的是被檢索到的資料出現的品質。

（3）mAP@R：給定一個查詢和檢索，傳回串列中的前 R 個結果，則平均準確率可以定義為

$$\frac{1}{M}\sum_{r=1}^{R} p(r) \cdot \text{rel}(r) \tag{2.1.1}$$

其中，M 是檢索結果中與查詢相關的結果數量，p(r) 是在位置 r 的準確率，rel(r) 代表位置 r 的結果與查詢的相關性（如果相關，則為 1，否則為 0）。

（4）*PR 曲線*：是準確率隨召回率變化的曲線。一般採用 11-PR 曲線，其是根據 11 個不同等級的召回率（0.0，0.1，0.2，…，1.0）選取的 11 個點繪製而成的曲線。具體而言，11 個不同等級的召回率對應 11 個點的水平座標，相應的 10 個區間的準確率平均值對應前 10 個點的垂直座標，最後一個點的垂直座標是召回率為 1.0 時的準確率。換言之，第 1 個點的水平座標為 0，垂直座標為召回率在區間 [0,0.1) 的準確率的平均值，第 2 個點的水平座標為 0.1，垂直座標為召回率在區間 [0.1,0.2) 的準確率的平均值，依此類推，第 10 個點的水平座標為 0.9，垂直座標為召回率在區間 [0.9,1.0) 的準確率的平均值。第 11 點的水平座標為 1.0，垂直座標為召回率 1.0 時的準確率。

2.2 影像描述

如圖 2.2 所示，影像描述（image captioning,IC）任務旨在要求模型自動為圖片生成流暢連結的自然語言描述，即給定一張圖片，要求模型輸出描述文字。影像描述任務與大多數視覺辨識工作（影像分類、物件辨識）不同，視覺辨識的研究大多集中在為影像或影像中的物件進行類別標注，而標注過程中的標籤來自一個封閉的集合，通常為一些詞彙集合。然而，雖然詞彙集合組成了一個方便地建模影像描述的假設，但是其提供的資訊通常非常有限。相比於影像分類或物件辨識（只有詞彙或短語描述視覺物件），影像描述透過生成自然語言描述影像，其能提供更為豐富的資訊。如圖 2.2 所示，文字描述可以包含更多的

目標主體資訊（如「穿著紫色衣服的小孩」「穿著紅色衣服的小孩」「野餐墊」「零食」），可以顯式地反映影像中目標與目標之間的互動關係（如「吃」「坐在」）。同時，以自然語言句子描述影像更為自然，符合人們的一般使用方式。正因如此，影像描述任務有潛力被應用於幼兒教學、盲人導航、自動導遊、視覺語義搜尋、多媒體人機對話、智慧分享社交圖片、車載智慧輔助系統、醫療影像報告自動生成等應用場景中，展現出了巨大的潛在應用價值。

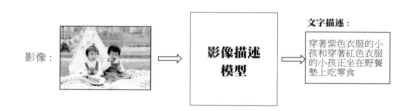

▲ 圖 2.2 影像描述任務

2.2.1 資料集

影像描述任務的常用資料集有 **Pascal Sentence**、**Flickr8k**、**Flickr30k** 和 **MS COCO** 等。這些資料集在跨模態檢索任務中均已介紹，實際上，這些資料集一開始就是為影像描述任務而建構，後來才被用於驗證跨模態檢索模型。對於影像描述任務，我們還額外關注資料集的動詞特性。比如 Pascal Sentence 資料集中有 25% 的描述沒有動詞，15% 的描述包含如 sit、stand、wear 和 look 這類的靜態動詞；Flickr8k 和 Flickr30k 中有 21% 的描述沒有動詞或包含靜態動詞。

影像描述任務還有一個中文資料集，即 **AIC-ICC**[8]。該資料集發佈於 2017AIChal-lenger[1]，包含了 210000 幅影像組成的訓練集、30000 幅影像組成的驗證集、30000 幅影像組成的測試集 A 和 30000 幅影像組成的測試集 B。每幅影像對應 5 個人工標注的中文句子描述。

2.2.2 評測指標

在上述資料集中，MS COCO 是最常用的用於驗證影像描述模型性能的資料集，使用該資料集舉辦的挑戰賽的網站[2] 一直更新著最新出現的各個模型的表現。我們看到，其展示了各個模型在 BLEU、METEOR、ROUGE-L 和 CIDEr-D 四類評測指標上的表現。除了這些依賴字串相似性的評測指標，還有一種更關注語義的常用的評測指標 SPICE。下面介紹這五類評測指標。

（1）**BLEU**（biLingual evaluation understudy）[9] 是一種基於 n-gram 準確率的相似性度量方法，用於分析生成文字（候選文字）中的 n-gram 在參考答案（參考文字）中出現的機率，廣泛運用於機器翻譯、影像描述自動生成、問答系統等自然語言生成相關任務中。該方法最早由 IBM 公司於 2002 年提出，之後為解決短句優先問題提出過一些變形和改進。一般地，對於一個自然語言生成任務，可將候選文字（模型生成的一段文字）記為 a，而對應的一組參考文字（一般包含多個參考答案，比如 MS COCO 中，每張圖片對應 5 個文字描述，即 5 個參考答案）記為 B，令 w_n 表示第 n 組 n-gram，$c(x,y_n)$ 表示 n-gram y_n 在候選文字 x 中出現的次數，則候選文字的 BLEU-n 值可由式（2.2.1）計算得到：

$$\text{BLEU}-n(a, B) = \frac{\sum_{w_n \in a} \min\left(c(a, w_n), \max_{j=1,2,\cdots,|B|} c(B_j, w_n) \right)}{\sum_{w_n \in a} c(a, w_n)} \tag{2.2.1}$$

可以看到，該式的分母是候選文字中所有 n-gram 的總數，分子是候選文字中的 n-gram 在參考文字中出現的次數。因此，BLEU-n 計算的是 n-gram 的準確率。這種計算方法存在短文字優先問題，下面舉例說明。

參考文字 1：兩個 / 孩子 / 在 / 地墊 / 上 / 玩耍

參考文字 2：兩個 / 孩子 / 在 / 野餐墊 / 上

候選文字 1：兩個 / 孩子 / 在 / 野餐墊 / 上 / 玩耍

候選文字 2：上 / 上 / 上 / 上 / 上 / 上

候選文字 3：上

1　https://github.com/AIChallenger/AI_Challenger_2017/

2　https://competitions.codalab.org/competitions/3221$\sharp$results

根據式 (2.2.1) 計算，可得候選文字 1、2、3 的 BLEU-1 值分別為 6/6、1/6 和 1/1。我們看到，錯誤的候選文字 3 和正確的候選文字 1 的 BLEU-1 的值相同。也就是說，只計算 n-gram 準確率，會導致有利於生成短文字的模型。BLEU 採用一個較為簡單的方法來克服這個問題，即綜合考慮 n 的多組設定值，並懲罰那些長度小於參考文字長度的候選文字。最終 BLEU 值的具體計算方法如下。

$$\text{BLEU} = \text{BP} \exp \left(\sum_{n=1}^{N} \alpha_n \log(\text{BLEU}-n) \right) \tag{2.2.2}$$

其中，α_n 是 BLEU-n 的權重，一般設為平均權重，即 $1/N$。N 一般設定為 4，即考慮 n 取 1 ～ 4 的 BLEU-n 值。BP 是短文字懲罰項，根據候選文字的長度 c，選擇一個最相近的參考文字的長度 r，BP 的具體形式為

$$\text{BP} = \begin{cases} 1, & c > r \\ \exp\left(1 - \dfrac{r}{c}\right), & 其他 \end{cases} \tag{2.2.3}$$

在影像描述任務中，一般會列出模型在測試集上 BLEU-n 的值，n 取 1 ～ 4。該評測指標的最大優點是容易計算，其缺點也很明確，包括沒有考慮 n-gram 的順序、平等對待所有的 n-gram，以及衡量的是生成文字的流暢性，而非語義相似度。

（2）**METEOR**（metric for evaluation of translation with explicit ordering）[10] 是 2004 年由 Lavir 等發現在評價指標中召回率的意義後被提出的度量辦法。他們發現，基於召回率的標準相比那些單純基於準確率的標準（如 BLEU），其結果和人工判斷的結果有較高的相關性。本質上，該指標是基於 unigram 準確率和召回率的調和平均值，並且召回率的加權高於準確率。METEOR 值的計算包括以下兩個步驟。

一是在候選文字和參考文字之間做詞到詞的映射，具體而言，首先列出所有可能的詞匹配，匹配原則包括完全匹配、詞根匹配和同義詞匹配（WordNet），然後在所有可能的匹配中選擇一個匹配成功詞最多的，如果兩個匹配成功的詞一樣多，就選擇其中交叉最少的那個。

圖 2.3 舉出了一個詞映射的例子，由於左邊的匹配方式交叉較少，因此選擇左邊的映射。

▲ 圖 2.3 METEOR 詞映射例子

二是計算 METEOR 值，對於多個參考文字，取得分最高的作為最終結果，具體公式為

$$\text{METEOR} = \max_{j=1,2,\cdots,|B|} \left(\frac{10PR}{R+9P} \right) \left[1 - \frac{1}{2} \left(\frac{\sharp\text{chunks}}{\sharp\text{matched unigram}} \right)^3 \right] \qquad (2.2.4)$$

其中，P 為一元組的準確率；R 為一元組的召回率；$\sharp$chunks 指的是 chunk 的數量，chunk 就是既在候選文字中相鄰又在參考文字中相鄰的被匹配的一元組聚集而成的單位。該公式可以看作 F 值和懲罰項的乘積。$\sharp$chunks 越小，懲罰項就越小，這是因為我們不僅希望候選和參考的匹配成功的詞多，而且要有盡可能長的連續的匹配。下面舉一個例子說明 chunk 的含義。

參考文字：兩個 / 孩子 / 在 / 地墊 / 上 / 玩耍
候選文字：兩個 / 孩子 / 在 / 野餐墊 / 上 / 玩耍

對於上述例子，「兩個 / 孩子 / 在」為一個 chunk，「上 / 玩耍」為一個 chunk，因此，$\sharp$chunk=2。

儘管實際計算時，詞匹配會導致計算 METEOR 值的速度較慢，但是該指標有很多優點，包括詞到詞的映射方式，考慮了詞的語義和位置因素；引入了 chunk 計數進行任意長度的 n-gram 匹配，在句子結構上衡量了兩個文字的相似程度；使用 chunk 數量確定的 n-gram 匹配，無須指定 n 的具體值；透過候選文字和參考文字的一對一匹配規避了多參考文字下召回率計算的問題，從而可以計算召回率。

（3）**ROUGE**（recall oriented understudy of gisting evaluation）[11] 同樣是一種基於 n-gram 召回率的相似性度量方法，用於分析參考文字中的 n-gram 在候選文字中出現的機率，該方法在 2004 年為了機器翻譯任務而提出。

$$\text{ROUGE}-n(a, B) = \frac{\sum_{j=1}^{|B|} \sum_{w_n \in B_j} \min\left(c(a, w_n), c(B_j, w_n)\right)}{\sum_{j=1}^{|B|} \sum_{w_n \in B_j} c(B_j, w_n)} \tag{2.2.5}$$

可以看到，該式的分母是參考文字中 n-gram 的個數，分子是參考文字和候選文字共有的 n-gram 的個數。因此，ROUGE-n 計算的是 n-gram 的召回率。

除了直接計算 n-gram 的召回率的 ROUGE-n 指標，ROUGE 還會有 3 個其他同時考慮準確率和召回率的變種：基於最長公共子序列共現性準確率和召回率的 F 值統計的 ROUGE-L；附帶權重的最長公共子序列共現性準確率和召回率 F 值統計的 ROUGE-W；不連續二元組共現性準確率和召回率 F 值統計的 ROUGE-S。在影像描述任務中一般使用 ROUGE-L，其中最長公共子句（longest common subsequence, LCS）用 LCS(a,b) 表示，a 是候選文字，其長度為 n，b 是參考文字，其長度為 m，則 ROUGE-L 值的計算方法為

$$\text{ROUGE-L} = \frac{(1 + \beta^2) PR}{R + \beta^2 P} \tag{2.2.6}$$

其中，

$$\begin{cases} R = \dfrac{\text{LCS}(a, b)}{m} \\ P = \dfrac{\text{LCS}(a, b)}{n} \\ \beta = \dfrac{P}{R} \end{cases} \tag{2.2.7}$$

對於多個參考文字的情形，單獨計算所有參考文字的 ROUGE-L 值，取最大的值作為最終的結果。ROUGE-L 指標的優點是其計算使用的是最長公共子序列，無須 n-gram 完全匹配，且無須預先定義匹配的 n-gram 的長度，在一定程度上考慮了詞序的因素。其缺點是僅考慮了文字間的最長的公共子序列，候選文字和參考文字中的其他相同的部分都被省略了。

（4）**CIDEr**（consensus-based image description evaluation）[12] 不同於上述為機器翻譯任務提出的評價指標，其是 Vedantm 等在 2015 年提出的針對影像描述任務的評估指標。CIDEr 透過計算 n-gram 在整個語料中的 TF-IDF 來降低那些經常出現在影像中的 n-gram 的權重，因為它們通常包含較少的資訊量。計算方法上，CIDEr 首先對所有詞預先執行 stem 操作，將它們變成詞根形式，然後用 n-gram 的 TF-IDF 作為權重，將文字表示為向量，最後計算參考文字和候選文字向量的相似性，具體公式如下。

$$\text{CIDEr}-n(a, B) = \frac{1}{|B|} \sum_{j=1}^{|B|} \frac{g_n(a)g_n(B_j)}{||g_n(a)|| ||g_n(B_j)||} \tag{2.2.8}$$

其中，$g_n(x)$ 為文字 x 的 n-gram 形式的 TF-IDF 表示。CIDEr 值最終為 n 取 $1 \sim 4$ 四個值的 n-gram 的 CIDEr-n 的平均值。

CIDEr 引入了 TF-IDF 為 n-gram 進行加權，這樣就避免了評價候選文字時因為一些常見卻不夠有資訊量的 n-gram 打上高分。但是 CIDEr 取詞根的操作會讓一些動詞的原型和名詞匹配成功高置信度的詞重複出現的長句的 CIDEr 得分也很高。

CIDEr 的作者們也提出了 **CIDEr-D** 來緩解這兩個問題。對於動詞原形和名詞匹配成功的問題，CIDEr-D 放棄取詞根的操作；對於包括高置信度的詞的長文字，CIDEr-D 增加了懲罰候選文字和參考文字的長度差別的權重，並且透過對 n-gram 計數的截斷操作不再計算候選文字中出現次數超過參考文字的 n-gram，具體計算公式如下。

$$\text{CIDEr}-\text{D}-n(a, B) = \frac{10}{|B|} \sum_{j} \exp\left(\frac{-(l(a) - l(B_j))^2}{2\sigma^2}\right) \times \frac{\min(g_n(a), g_n(B_j))g_n(B_j)}{||g_n(a)|| ||g_n(B_j)||}$$

$$\tag{2.2.9}$$

其中，$l(a)$ 和 $l(B_j)$ 分別為候選文字和參考文字的長度，min 操作是截斷操作，係數 10 的存在使得 CIDEr-D 的計算結果可能大於 1。最終的 CIDEr-D 值也是計算 n 取 $1 \sim 4$ 四個值的 n-gram 的 CIDEr-D-n 的平均值。

（5）**SPICE**（semantic propositional image caption evaluation）[13] 是專門為影像描述任務設計的評價指標。不同於以上方法均使用 n-gram 作為計算的基本單元，SPICE 使用基於圖的語義表示來編碼候選文字中的物件（object）、屬性（attribute）和關係（relationship）。它先用機率上下文無關文法（probabilistic context-free grammar, PCFG）依存分析器將候選文字和參考文字解析成句法依存樹（syntactic dependencies trees），然後用基於規則的方法把依存樹映射成場景圖（scene graphs）。場景圖可以形式化表示為

$$G(x) = < O(x), E(x), K(x) > \tag{2.2.10}$$

其中 $O(x)$ 為文字或文字集合 x 中的實體集合，$E(x)$ 為文字 x 中實體與實體之間的關係集合，$K(x)$ 為文字 x 中的物理屬性集合。透過函式 $T(G(x))$ 可將場景圖 $G(x)$ 轉為一個邏輯元組集合，該集合的元素可以是一元、二元或三元組。單一樣本的 SPICE 指標即計算 $T(G(a))$（a 為候選文字）和 $T(G(B))$（B 為參考文字集合）之間的準確率和召回率，最終計算出 F1 值（F-Measure）：

$$\begin{cases} P(a, B) = \dfrac{|T(G(a)) \cap T(G(B))|}{|T(G(a))|} \\ R(a, B) = \dfrac{|T(G(a)) \cap T(G(B))|}{|T(G(B))|} \\ \text{SPICE}(a, B) = \dfrac{2P(a, B)R(a, B)}{P(a, B) + R(a, B)} \end{cases} \tag{2.2.11}$$

SPICE 指標的優勢在於其在語義而非 n-gram 層級度量候選文字和參考文字的相似度，且每段文字映射到場景圖後可以從中提取出模型關於某些關係或屬性的辨識能力。其劣勢也很明顯，比如缺少 n-gram 來度量文字的流暢性，以及度量的準確性受到場景圖解析器的限制。

綜合來看，上述指標都有自己的優缺點，因此常使用多種指標共同評測影像描述模型的性能。

2.3 視覺問答

如圖 2.4 所示，給定一幅圖片和關於這個圖片的問題，視覺問答（visual question answering，VQA）任務要求模型透過分析、推理輸出問題的答案。視覺問答任務中的影像可以是如圖 2.4 所示的自然圖，也可以是抽象圖；問題可能僅和圖片相關，也可能同時和圖片與外界知識相關；答案可以是一個單字，也可以是一個短句。不管是和影像分類、物件辨識等基礎電腦視覺任務相比，還是和跨模態檢索、影像描述這類多模態任務相比，視覺問答都是一個更具挑戰性的任務。因為視覺問答不僅需要細粒度地理解影像和問題的語義，同時還需要經過複雜的推理過程預測問題的最佳答案。該任務需要機器同時表示、理解視覺和語言，並且需要結合兩者進行推理，故也被稱作「視覺圖靈機」[14] 和「人工智慧完備」（AI-complete）的問題 [15]。

影像：

問題：穿紫色衣服的小女孩的腿上放的是什麼食物？

視覺問答模型

答案：三明治

▲ 圖 2.4 視覺問答任務

相比其他多模態任務，視覺問答任務還有一個優勢是易於評測。視覺問答中的很多問題都可以簡單地用是和否回答，大多數關於影像的問題都是在影像中尋找特定的資訊，1 ～ 3 個詞就足夠了，或固定答案集，把視覺問答看作多選題。

視覺問答具有非常廣泛的應用前景。直觀上，視覺問答任務需要機器能夠同時處理視覺資訊和語言資訊，這對於改善人機互動至關重要。傳統的人機互動常常是基於文字或語音這樣的單模態資訊，例如語音幫手 Siri、Cortana、小愛同學、小度、天貓精靈等。未來，基於視覺感知的人機互動很可能進一步改善人們的生活方式，例如自動駕駛、視覺障礙輔助、情景教學問答等。

2.3.1　資料集

視覺問答是近年來最火熱的多模態研究任務之一，研究者為此專門提出了許多資料集。下面簡單介紹其中的常用資料集。

- **CLEVR**（compositional language and elementary visual reasoning）[16]1：該資料集中的圖片由若干簡單的三維幾何形狀合成，問題和答案由規則程式（program）自動生成。問題類別包括：屬性辨識（What color is the thing right of the red sphere?）、屬性比較（Is the cube the same size as the sphere?）、存在（Are there any cubes to the right of the red thing?）、計數（How many red cubes are there?）、數量比較（Are there fewer cubes than red things?）。該資料集中訓練集包含 70000 幅影像和 699989 個問題，驗證集包含 15000 幅影像和 149991 個問題，訓練集包含 15000 幅影像和 14988 個問題。此外，資料集建立者還提供了影像和問答生成的程式 2，可以幫助研究者生成研究需要的資料集。

- **DAQUAR**[17]3：該資料集包括 1449 幅室內場景 RGBD 影像和 12468 個問題。其中，795 幅影像用於訓練，654 幅影像用於測試，問題中一部分是規則自動生成，另一部分是人工標注，答案限定在預先定義的 16 種顏色和 894 個物體類別。

- **COCO-QA**[18]4：該資料集總共包含 117684 個樣本，並且被分為訓練集和測試集兩部分。訓練集包含 78736 個問題，測試集包含 38948 個問題。問題有物體辨識（what is the pug dog wearing）、計數（how many boats anchored by ropes close to shore）、顏色辨識（what is the color of the horses）、位置辨識（where is the black cat laying down）四種類型，回答均為一個詞。問題是規則自動生成的，所以有一定的重複。

- **Visual Genome QA**（VG-QA）[19]5：該資料集來源於 visual genome（VG）資料集。VG 資料集最大的特點是其包含場景圖資訊和區域文字描述資訊，因此主要用於視覺關係檢測任務（visual relationship detection）[20] 和影像密集描述任務（dense captioning）[21]。其由於也包含問答資料，因此也可用於視覺問答任務，這裡稱之為 VG-QA。該資料集包含 101174 幅影像和 1773258 個問題答案對。問題類型包括 What、Where、When、Who、Why、How 和 Which 七種。

- **Visual7W**[22]6：該資料集是 VG 的子集，包括 47300 幅影像，327939 個問題，每個問題都有 4 個候選答案。

- **TDIUC**[23]7：該資料集中包括 167437 幅來自 MSCOCO 和 VG 的影像，1654167 個問題。問題包括下面 12 個不同的類型：存在（Is there a traffic light in the photo?）、物體辨識（What animal is in the picture?）、場景分類（What is the weather like?）、運動辨識（What sport are they playing?）、行為辨識（What is the dog doing?）、計數（How many dogs are there?）、位置推理（What is to the left of the woman?）、情感辨識（How is the woman feeling?）、顏色辨識（What color are the woman's shorts?）、其他屬性辨識（What is the fence made of?）、功能辨識（What object can be thrown?）、怪誕類（What color is the couch?）。

---

1 https://cs.stanford.edu/people/jcjohns/clevr/

2 https://github.com/facebookresearch/clevr-dataset-gen

3 https://www.mpi-inf.mpg.de/departments/computer-vision-and-machine-learning/research/vision-and- language/visual-turing-challenge

4 https://www.cs.toronto.edu/~mren/research/imageqa/data/cocoqa/

5 https://visualgenome.org/api/v0/api_home.html

6 http://web.stanford.edu/~yukez/visual7w.html

7 https://kushalkafle.com/projects/tdiuc.html

- **VQA v1**[15]1：該資料集中的影像來自 MS COCO，其中 82783 幅用於訓練、40504 幅用於驗證、81434 幅用於測試。每幅影像對應 3 個問題，每個問題對應 10 個答案，且未公佈測試集的答案。需要上傳結果至官方測試伺服器獲取測試集上的準確率。測試集被分為開發測試集（test-dev）和標準測試集（test-std）兩部分，二者的區別在於，開發測試集可上傳結果的總次數和每天的次數限制要遠高於標準測試集。資料集包括兩種題型：開放類的問答題和給定選項的選擇題。問答題的答案為短語，而選擇題的選項包括正確答案、似是而非的干擾項、高頻回答和隨機回答。

- **VQA v2**[24]2：該資料集中的影像也是全部來自 MS COCO，包含 443757 個訓練問題、214354 個驗證問題和 447793 個測試問題，每個問題對應 10 個答案。該資料集僅包含開放題。該資料的一大特點是對於同一個問題，一定有兩張不同的圖片，使得它們對這個問題的答案是不同的。因此，相對於 VQA v1 資料集，VQA v2 一定程度上避免了回答的偏置問題。比如，在 VQA v1 裡，某些答案為 Yes/No 的問題的答案全部都是 Yes。

- **VQA-CP v1/v2**[25]3：該資料集將 VQA v1/v2 的訓練集和驗證集打亂後重新排列形成，以使每種問題類型的答案在訓練集和測試集上的分佈不同。其基本動機是視覺問答資料集中訓練集和測試集的問題應該具有不同的答案先驗分佈，這樣可以避免模型僅學習訓練資料的偏置。比如在 VQA v1/v2 資料集中，問題為「這隻狗是什麼顏色？」，訓練集和測試集的答案為「白色」的數量都最多。這樣會造成，在測試時遇到該問題，直接回答「白色」的正確率就很高。VQA-CP v1/v2 資料集的訓練集和測試集則對該問題的答案分佈不一致。VQA-CP v1 訓練集包含約 11.8 萬幅影像和約 24.5 萬個問題，測試集包含約 8.7 萬幅影像和約 12.5 萬個問題。VQA-CP v2 訓練集包含約 12.1 萬幅影像和約 43.8 萬個問題，測試集包含約 9.8 萬幅影像和約 22 萬個問題。由於其訓練集和測試集不同的答案分佈，該資料集常常被用來評估視覺問答模型的泛化性能。

- **GQA**[26]4：該資料集包含了總共 18542880 個樣本，被分為兩部分：訓練集（1435356）和提交集（4237524）。提交集進一步被分為三部分：驗證集（2011853），測試集（1340048）和挑戰集（885623）。進一步，挑戰集中的一小部分樣本被分離出來，稱作開發測試集（172174）。由於資料集包含大量的樣本，因此資料集的建立者提供了一個小規模的資料集平衡訓練集 (943000) 和平衡驗證集 (132062)。該資料集中的問題由 VG 資料集中場景圖的結構自動生成。

評測指標

視覺問答任務中常使用準確率評測模型的性能。對選擇題而言，準確率即回答正確的樣本佔總樣本的比例。對開放類的問答題，不同資料集的準確率的具體計算規則有差異。舉例來說，對於每個問題只有一個答案的資料集，如 COCO-QA 資料集和 TDIUC 資料集，要求回答和答案完全匹配，該回答的準確率為 1，否則為 0。對於每個問題有多個答案的 DAQUAR 資料集，只有回答和人工標注的頻率最高的答案一致時，該回答的準確率才為 1，否則為 0；而對於最常用的 VQA v1/v2 和 VQA-CP v1/v2 資料集，每個回答的準確率為

$$\min\left(\frac{\text{預測答案在真實候選答案中出現的次數}}{3}, 1\right) \tag{2.3.1}$$

即如果回答命中的答案在人工標注的 10 個答案中出現 3 次及 3 次以上，則該回答的準確率為 1，出現兩次和一次的準確率分別為 2/3 和 1/3。

除了報告整體的準確率，很多研究還會舉出各個問題類型的準確率的平均值，以避免模型只擅長回答資料集中包含問題數量較多的類型。

---

1 https://visualqa.org/vqa_v1_download.html

2 https://visualqa.org/download.html

3 https://computing.ece.vt.edu/~aish/vqacp/

4 https://cs.stanford.edu/people/dorarad/gqa/download.html

2.4 文字生成影像

如圖 2.5 所示，文字生成影像（text-to-image generation）任務要求模型自動地從文字描述中合成語義相符的自然影像，即給定一段文字，一般是一句語言描述，要求模型輸出一張相關影像。這項任務的研究有兩個基本目標：可信度（fidelity）與一致性（consistency）。可信度是指產生的影像要與真實影像相似，即看起來逼真；一致性則是指產生的影像能夠反映出文字等輸入資訊。目前，內容的生產與行銷已經成為網際網路產業持續發展的重要方式之一，由內容生產者創作的，以文字、影像、視訊等形式出現的多媒體資訊資訊吸引大量消費者閱讀與觀看，也由此產生了大量廣告、銷售收益，產生了巨大的商業價值，並促進了整個網際網路行業的發展。其中，影像的創作是一項重要的工作，在插畫設計、視訊封面製作、遊戲素材製作等方面均有廣泛的需求，但是對人而言，創作影像通常是複雜的，往往需要掌握專業的繪圖與美術知識，且創作過程耗時、創作結果難以修改。因此，面對廣泛的需求，可以生產影像內容的文字生成影像任務具有重要的應用價值。

▲ 圖 2.5 文字生成影像任務

2.4.1 資料集

和跨模態檢索和影像描述任務一樣，文字生成影像任務所使用的訓練資料也都只包含對齊的影像和文字。常用的資料集如下。

- **CUB**[27]1：該資料集包含了 11788 幅鳥類影像，並按照鳥的種類將影像劃分為 200 類。資料集中的每幅影像中僅有一隻鳥，資料中包含了每幅影像中鳥的位置框，可用於訓練時裁剪影像。每幅影像包含了 10 句以鳥類為主題的文字描述。資料集劃分規則遵照 StackGAN 中所述規則：影像集中的 150 類的 8855 幅影像用於訓練，剩餘 50 類的 2933 幅影像用於測試，訓練集與測試集的鳥類類別彼此互斥。

- **Oxford-102**[28]2：該資料集的每幅影像同樣包含了 10 句文字描述，但資料集的主題為花朵。該資料集共包含 8189 幅影像，分屬 102 種花朵類別。其中 7034 幅影像用於訓練，1155 幅影像用於測試。

上述兩個資料集有一些共通性：①影像的類別較多；②影像中僅包含單一物體；③影像中物體的文字描述較為詳細，涉及大量屬性細節。因此，這兩個資料集屬於細粒度資料集。之前介紹過的 MS COCO 也是文字生成影像任務的常用資料集，與 CUB 和 Oxford-102 不同，MS COCO 屬於開放領域資料集，其特點是每幅影像中包含多個物體（有的影像甚至包含數十個物體），且物體的形態變化多樣，遮擋、扭曲等現象較為普遍，所以對於文字生成影像任務而言，MS COCO 資料集相比細粒度資料集更加複雜。

2.4.2 評測指標

影像生成模型的自動評測一直都是研究界的困難。因此，直至現在，人工評測都是評估生成影像的重要手段之一。這裡主要介紹自動評測指標。這些指標雖然都有自己的局限性，但是一定程度上也能反映模型的性能。根據文字生成影像的兩個基本目標，評測指標也分為衡量生成影像的真實程度的可信度指標和衡量生成影像和文字描述之間相關性的一致性指標。

1. 影像可信度指標

對於影像生成模型而言，目前最為常見的生成影像可信度評測指標是 inception score（IS）[29] 和 Fréchet inception distance（FID）[30]。這兩種指標均可一定程度上反映生成影像的清晰度和多樣性，下面對這兩種指標的具體實現進行論述。

---

1 http://www.vision.caltech.edu/visipedia/CUB-200-2011.html

2 https://www.robots.ox.ac.uk/~vgg/data/flowers/102/

（1）**IS** 顧名思義，就是基於 inception 網路的得分計算的指標方法。IS 在評估過程中使用在 ImageNet 資料集上 [31] 訓練的 inceptionv3[32] 影像分類模型。該評測指標認為，評估生成模型的性能需要從兩方面入手：一是生成的影像是否清晰；二是生成的影像具有多樣性。是否清晰說明生成模型的「影像品質」是否良好；是否具有多樣性檢測生成模型是否能生成多種多樣的影像，而非陷入僅能生成一種影像的模式而崩塌。基於此，IS 的計算在這兩方面因素的想法具體如下。

清晰度：使用 inception v3 模型對生成影像 x 進行編碼，並獲得 1000 維的向量輸出 y（影像屬於各個類別的機率）。其動機是對一個清晰的生成圖片，它應當能夠獲得一個明確的分類，即屬於某一分類的機率非常大，而屬於其他類的機率非常小。用數學語言來說，我們希望評估得到的條件機率 $p(y|x)$ 是可以被高度預測的，也就是希望這個機率的熵值較低。

多樣性：計算多樣性時需要考慮的是生成的全部影像所述類別的整體分佈情況。其動機是模型應該能均勻地生成各個類別的影像，而非只能夠生成某一類特定的圖片。如此一來，我們需要考慮的就不再是條件機率了，而是邊緣機率，也就是 $p(y)$。最理想的情況是模型生成的影像屬於所有類別的機率完全相同，從熵的角度來說，希望 $p(y)$ 的熵越大越好。

綜合上述兩個目標，IS 的具體計算公式如下：

$$\sum_x \sum_y p(y|x)\log p(y|x) - \sum_y p(y)\log p(y) \tag{2.4.1}$$

儘管 IS 指標是最為常用的「影像可信度」評估指標，但是一些研究工作 [33-34] 指出 IS 並不是一種可靠的評估指標，如 CPGAN[35] 出現了明顯的 IS 過擬合現象。可見，完全忽略真實影像的分佈而只考慮生成影像分佈的熵並不能有效地展現生成影像的可信度，反倒可能使生成模型的生成效果陷入一種擬合 inception v3 所學的分佈情況中。

（2）**FID** 與 IS 和樣都使用 inception v3 網路對影像資訊進行編碼。inception v3 網路此時被當作影像表示提取器，具體而言，取其倒數第二層作為影像的表示。也就是說，IS 與 FID 使用 inception v3 的差別在於：IS 使用的是網路最終輸出層的分類得分，而 FID 使用的是網路倒數第二層的向量表示。

FID 的提出者認為在評估影像可信度時不應忽略真實資料的分佈，而只考慮生成資料的分佈情況。因此，他們設計的 FID 考慮的是真實影像和生成影像之間的差異。具體而言，FID 首先假設真實影像和生成影像的 inception v3 表示都服從高斯分佈，然後採用 Fréchet 距離計算兩個分佈的差異。具體的公式如下：

$$\text{FID}(r, g) = ||\mu_g - \mu_r||^2 + \text{Tr}(\epsilon_g + \epsilon_r - 2\sqrt{\epsilon_g \epsilon_r}) \tag{2.4.2}$$

其中，Tr 表示矩陣的跡，μ 表示分佈的平均值，ϵ 表示矩陣的協方差。此外，下標 r 表示真實影像的分佈，下標 g 表示生成影像的分佈。

較低的 FID 表示兩個分佈之間的距離較近，也就表示生成影像的品質較高且多樣性較好，與真實影像更為接近。此外，FID 對模型坍塌問題更加敏感。與 IS 值相比，FID 對雜訊有更好的堅固性。舉例來說，假如模型只生成一種影像，那麼 FID 的值將非常大。因此，目前的研究工作更多地採用 FID 來衡量生成影像的可信度。

2. 圖文一致性指標

（1）**基於檢索的 R-Precision** 指標是目前最為常見的圖文一致性評估指標，最早在 Attn-GAN[36] 中被提出。簡單來說，就是跨模態檢索中介紹的 Recall@K，這裡取 $K = 1$。具體來說，首先，對於每一個文字描述和生成影像的資料對，從資料集中隨機選擇 99 個與目標圖像不符的文字描述建構一個 1:100 的圖文跨模態檢索集。其中，單幅生成影像為查詢，100 個文字為候選集。然後，利用預訓練的圖文連結模型 DAMSM 計算影像查詢和所有文字的相似度得分。最後，計算 Recall@1 作為單一樣本的 R-Precision 值。為了保證對於不同模型的通用性，R-Precision 規定在評估過程中，生成模型都是使用隨機選擇的 30000 個文字描述生成 30000 幅對應影像。同時，99 個隨機選擇的不匹配描述也需要從這些文字描述中選擇。最終的 R-Precision 是這 30000 個單一樣本的 R-Precision 的平均值。

最近的一些工作[33-34,37]發現當前的很多模型都能獲得非常高的 R-Precision 值，完全超過了真實影像的計算結果，出現了過度擬合圖文連結模型的現象。其主要原因是圖文連結模型 DAMSM 在文字生成影像模型中也參與了訓練。因此，改為使用在其他非 MS COCO 資料集上訓練的且不參與文字生成影像模型訓練的圖文連結模型計算圖文相似度得分來計算 R-Precision。

（2）**語義物件準確率（SOA）**[37] 是在 2019 年被提出的利用目標的檢索準確率評估圖文一致性的指標。其基本動機是如果文字描述中包含可辨識的物件，那麼使用預先訓練好的物件辨識模型在生成影像中應該可以檢測到這些物件。舉例來說，文字「坐在沙發上的狗」生成的影像中應該包含可辨識的「狗」和「沙發」，那麼可檢測這些物件的物件辨識模型應該能夠在生成影像中檢測到這兩個物件。

具體來說，對於影像中包含多個物件的 MS COCO 資料集，首先過濾驗證集中的所有文字描述，以查詢資料集中的物件（例如人、汽車、斑馬等）的可用標籤相關的特定關鍵字。對於 MS COCO 資料集中的 80 個類別標籤，我們需要找到相應物件所存在的所有文字描述，並為每個文字生成三幅影像。隨後，在每幅生成的影像上執行在 MS COCO 資料集上預訓練的物件辨識模型（YOLO v3[38]），並檢查它是否能夠辨識給定的物件。將召回率作為類平均值（SOA-C），即物件辨識模型檢測到給定物件的每類別圖像數量，以及影像平均值（SOA-I），即平均需要多少幅影像才能檢測到物體。形式上，SOA-C 和 SOA-I 的計算為

$$\begin{cases} \text{SOA-C} = \dfrac{1}{|C|} \sum_{c \in C} \dfrac{1}{I_c} \sum_{i_c \in I_c} \text{OD}(i_c) \\ \text{SOA-I} = \dfrac{1}{\sum_{c \in C} |I_c|} \sum_{c \in C} \sum_{i_c \in I_c} \text{OD}(i_c) \end{cases} \tag{2.4.3}$$

其中，C 為所有類別集合，對於 MS COCO 資料集，其數量 $|C|$ 為 80，I_c 為包含類別 c 資訊的所有文字生成的影像，也就是這些生成影像中應該可以檢測出類別 c 的物件。當物件辨識模型 OD 在生成影像 i_c 中檢測出類別 c 的物件時，則 $\text{OD}(i_c)$ 的值為 1，否則為 0。

整體來說，SOA 指標與 R-Precision 指標不同，SOA 更偏重於關注生成影像的局部資訊是否符合需要，而不考慮整體分佈的問題。

2.5 指代表達

指代表達（referring expression，RE）[39] 是指對影像中特定物件的無歧義的語言描述。圖 2.6 範例了四個該影像中的彩筆的文字描述，其中「綠色畫筆」「橙色畫筆」「綠色畫筆上的紅色畫筆」這三個描述均能唯一對應影像中的某個物件，它們都可以稱作各自所指物件的指代表達。而描述「紅色畫筆」對應了該影像中的兩個物件，描述的物件存在歧義，它不可被稱作指代表達。

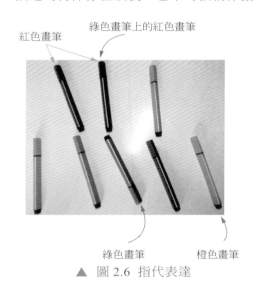

紅色畫筆
綠色畫筆上的紅色畫筆
綠色畫筆
橙色畫筆

▲ 圖 2.6 指代表達

指代表達所指的物件及該物件所處的環境是使得指代表達具有意義的語境，脫離語境討論指代表達的指代物件是無意義的。一般來說語境既可以是一段文字或一幅影像，也可以是其他模態場景。在圖文多模態資訊處理中，語境為影像。

由於指代表達能唯一確定語境中存在的物件，因此，其在符號語言和物體世界之間扮演了至關重要的作用，是連接它們的橋樑，也被頻繁地用於人們的生活中。因此，研究者們開始了對指代表達的研究。指代表達的研究包括指代表達生成（referring expression genera-tion，REG）和指代表達理解（referring expression comprehension，REC）兩個互逆的任務。如圖 2.7 所示，指代表達生成要求機器在替定圖片和特定物件區域的條件下生成關於該物件的指代表達；指代表達理解要求機器自動定位圖片中符合指代表達的物件區域。

指代表達任務的研究具有豐富的應用價值。舉例來說，應用於服務機器人中，使得服務機器人在與客戶互動的過程中能夠理解客戶提供的指代表達或生成指代表達和客戶交談，以準確定位物體；也可以應用於早教機器人中，讓嬰幼兒在與早教機器人的互動中習得如何無歧義地描述某一場景下的特定物件；還可以應用於輔助視覺障礙人士的裝置，盲人可以透過裝置生成的指代表達獲取某場景下對特定物件的無歧義描述，便於他們與外界人士交流等。

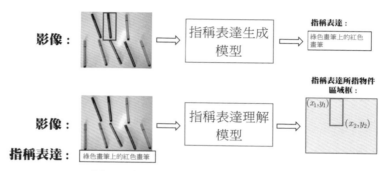

▲ 圖 2.7 指代表達生成和指代表達理解

2.5.1 資料集

指代表達常用的資料集有三個：RefCOCO[40]、RefCOCO+[40] 和 RefCOCOg [41]。這些資料集中的影像都來自 MS COCO，指代表達相關標注資料可在程式庫 ¹ 中獲得。RefCOCO 和 RefCOCO+ 都收集於一個雙人標注遊戲 ReferIt[42]。顧名思義，雙人標注遊戲包括兩個角色：對於角色 1，給定一幅影像和其中某個特定物體的分割區域，要求其寫出能夠和影像中其他物體區分的描述該物體的句子；對於角色 2，給定該影像以及角色 1 寫的句子，按一下該句子描述的物體區域。如果角色 2 按一下的區域在替角色 1 提供的物體區域中，則為成功標注，雙方獲得相應積分，並互換角色，開始新的遊戲。若標注失敗，則給一幅新的影像和物體區域，開始新的遊戲。每幅影像至少包含兩個同一類別的物體。

1　https://github.com/lichengunc/refer

下面介紹這三個資料集。

- **RefCOCO** 包含 19994 幅影像,以及 50000 個物體的 142209 句文字描述。資料集分為訓練集、驗證集、測試集 A 和測試集 B 四部分,其中測試集 A 中的影像包含多個人,測試集 B 中的影像包含多個除人之外的物體。同一個圖片的物體和描述樣本對不是全在訓練集,就是全在驗證集或測試集。

- **RefCOCO+** 包含 19992 幅影像,以及 49856 個物體的 141564 句文字描述。和 RefCOCO 的最主要區別是,該資料集的文字描述不允許包含絕對位置的詞語(如 left、right 等)。該資料集的劃分規則和 RefCOCO 一致。

- **RefCOCOg** 並非收集於雙人標注遊戲,每一輪先選定區域請一批人標注文字描述,通常是完整的句子,而非 RefCOCO 和 RefCOCO+ 中的短語,再請另一批人根據文字描述選擇對應的區域,重複三輪 RefCOCOg 包含 26711 幅影像,54822 個物體的 85474 句文字描述,文字描述的平均長度為 8.43 個單字(RefCOCO 和 RefCOCO+ 文字描述的平均長度分別為 3.61 和 3.53)。資料集分為訓練集、驗證集和測試集三部分,同一幅影像的物體和描述樣本對集合可能一部分在訓練集,另一部分在驗證集或測試集。

2.5.2 評測指標

指代表達理解和生成是兩個形式上完全不同的任務,因此,二者的評測指標也完全不同。

指代表達理解任務一般利用預測框與標注框的交並比 (intersection-over-union,IoU) 設計評測指標。兩個區域框之間的交並比包含了兩個區域的重疊關係,假定 $(l_*^i, l_*^i), (r_*^i, r_*^i)$ 分別為第*個區域框的左上角座標和右下角座標,則第 i 個框和第 j 個框的交並比的詳細計算步驟如下。

（1）計算第 i 個區域框和第 j 個區域框交集的面積。兩個矩形框的交集部分也是一個矩形框，其左上角座標為兩個區域框左上角座標的最大值，即 $(\max(l_i^x, l_j^x), \max(l_i^y, l_j^y))$，右下角座標為兩個區域框座標的最小值，即 $(\min(r_i^x, r_j^x), \min(r_i^y, r_j^y))$，則交集部分的寬和高分別為

$$w_{ij}^{\text{intersection}} = \min(r_i^x, r_j^x) - \max(l_i^x, l_j^x)$$
$$h_{ij}^{\text{intersection}} = \min(r_i^y, r_j^y) - \max(l_i^y, l_j^y)$$

(2.5.1)

需要注意的是，在計算交集部分面積時，還需考慮兩個區域框不相交的情況，此時計算的交集部分的寬 $w_{ij}^{\text{intersection}}$ 或高 $h_{ij}^{\text{intersection}}$ 至少有 1 個小於 0。因此，最終交集部分的面積為

$$\text{area}_{ij}^{\text{intersection}} = \max(w_{ij}^{\text{intersection}}, 0) \times \max(h_{ij}^{\text{intersection}}, 0)$$

(2.5.2)

（2）計算第 i 個區域框和第 j 個區域框並集的面積，即分別計算兩個區域框的面積，再減去交集部分面積。

$$\text{area}_{ij}^{\text{union}} = w_i \times h_i + w_j \times h_j - \text{area}_{ij}^{\text{intersection}}$$

(2.5.3)

（3）計算第 i 個區域框和第 j 個區域框的交集部分和並集部分的面積比：

$$\text{IoU}_{ij} = \frac{\text{area}_{ij}^{\text{intersection}}}{\text{area}_{ij}^{\text{union}}}$$

(2.5.4)

指代表達理解任務的評測結果一般定義為模型獲取的得分最高的預測框與標注框 IoU 大於 0.5 的佔比。

指代表達生成任務大多採用影像描述任務所使用的評測指標，包括 BLEU、METEOR 和 CIDEr 等。

2.6 小結

　　本章介紹了 5 個代表性的圖文多模態任務的具體內容、學術界常用資料集和評測指標。這些任務包括圖文跨模態檢索、影像描述、視覺問答、文字生成影像和指代表達。在之後的章節中，我們將以這些任務為例，介紹各項多模態深度學習基礎技術。

2.7 習題

1. 假設有 6 個測試樣例，跨模態檢索模型檢索的正確答案分別出現在第 4、2、3、3、1、1 位，計算該模型的指標 Median r 和 mAP@3。

2. 試分析本章介紹的影像描述的 5 個評測指標的優缺點。

3. 舉例說明視覺問答資料集 VQA v1、VQA v2 和 VQA-CP v1/v2 之間的區別。

4. 從 MS COCO 資料集中採樣 30000 張真實圖片，利用開放原始程式碼計算其 IS 值。

5. 寫出圖 2.6 中「綠色畫筆上的紅色畫筆」的三條不同的指代表達。

6. 撰寫計算兩個矩形框交並比的程式碼。

文字表示

      多模態資訊處理模型的發展直接受益於單模態深度學習技術的進步。對於文字模態而言，深度學習技術的進步使得多模態資訊處理模型的文字輸入形式從傳統的獨熱編碼和詞袋特徵逐步發展為在大規模資料集上預訓練的文字表示。

      在深度學習之前，常使用獨熱編碼和詞袋特徵分別表示詞和包含多個詞的文字。獨熱編碼的主要缺陷是任意兩個詞的表示之間的餘弦相似度為 0，因此，無法表達詞之間的相似性。當應用於機器學習模型時，獨熱編碼的這一缺陷會進而引發資料稀疏問題。為了緩解這一問題，傳統方法所採用的方案包括增加額外特徵（詞性、前尾碼）、引入語義詞典（WordNet，HowNet）以及對詞進行聚類（Brown Clustering）。

③ 文字表示

上述方案雖然可以緩解資料稀疏問題，但是大多費時費力。於是，利用分散式語義假設 [43] 的方法應運而生。分散式語義假設是語言學中一個重要的假設——One shall know a word by the company it keeps，即詞的含義可由其上下文的分佈進行表示。早期的分散式表示方法直接使用與上下文的共現頻次作為詞的向量表示，並利用點相互資訊（PMI）、奇異值分解（SVD）等技術減少高頻詞的影響、獲取詞與詞之間的高階關係，以緩解資料稀疏性問題。然而，這些方法學習到的詞表示面臨著計算複雜度高、無法增量更新、無法針對特定任務調整等問題。

2013 年起，隨著深度學習時代的開啟，利用分散式語義假設的方式從統計轉向學習，以 Word2vec[44-45] 為代表的詞嵌入技術獲得了重大突破。使用該技術的模型將每個詞映射為一個低維、稠密、連續的向量，並將該向量當作模型參數。在大規模文字語料中，利用文字自身為天然的標注資料這一特點（即詞與上下文的共現關係），模型透過最大化一些詞預測其共現的另一些詞的條件機率獲得模型參數。除了直接在多模態模型中用於提取詞表示，詞嵌入還直接啟發了部分多模態詞表示的研究 [46-47]，即利用影像資訊補全文字學習到的詞嵌入，以獲取更全面的詞表示。

以 Word2vec 為代表的詞嵌入模型有一個明顯的缺陷，其學習得到的詞向量是「靜態」的，不隨上下文的變化而變化，這顯然無法處理一詞多義的問題。為此，研究人員開始利用循環神經網路建構上下文相關的「動態」詞向量模型。循環神經網路的隱狀態表示不僅與當前詞相關，也與其所處的上下文相關。循環神經網路一直是多模態資訊處理領域最常用的文字表示模型之一，例如文字生成影像模型 AttnGAN[36]、MirrorGAN[48]、DM-GAN[49] 等，影像描述模型 NIC[50]、m-RNN[51] 等，視覺問答模型 VIS-LSTM[52]，以及指代表達模型 MMI[41] 都利用循環神經網路來建模文字。

2018 年，隨著注意力機制的發展，以 BERT[53] 為代表的基於注意力的預訓練語言模型出現，自然語言處理領域真正進入「預訓練 - 微調」的時代。這類預訓練語言模型和之前的詞向量模型的不同之處在於，其結構具備優秀的通用性，在處理下游任務時，幾乎不需要修改。預訓練語言模型在絕大多數自然語言處理任務中都獲得了目前最佳的成果，在多模態資訊處理領域也獲得了廣泛的應用。其中，預訓練語言模型對多模態資訊處理領域最大的影響是其直接使得圖文多模態資訊處理也邁入「預訓練 - 微調」的多模態預訓練時代。同樣，多模態預訓練方法幾乎在所有多模態資訊處理任務中都表現出了最佳性能。

本章將介紹上述深度學習時代三類常用的文字表示：一是基於詞嵌入的靜態詞表示；二是基於循環神經網路的動態詞表示；三是基於注意力的預訓練語言模型表示。

3.1 基於詞嵌入的靜態詞表示

詞嵌入是指使用模型將語料中的每個詞映射為一個低維、稠密、連續的向量的技術。自 2013 年以來，研究者提出一系列被廣泛使用的詞嵌入模型，包括最早成功的 Word2vec[44-45]、結合詞嵌入和矩陣分解思想的 GloVe[54]、考慮子詞的 fastText[55] 等。本節將介紹其中的 Word2vec 模型和 GloVe 模型。

3.1.1 Word2vec

Word2vec 是 Google 發佈的詞向量訓練工具套件，發佈之初便對學術界和工業界都產生了巨大影響。Word2vec 包含兩個模型：CBOW（continuous bag-of-words）模型 [44] 和 Skip-gram 模型 [45]。模型訓練的基本流程如下。

（1）收集大規模文字語料，並統計語料中的詞，建立詞表。

（2）將詞表中的每個詞都初始化為兩個定長的隨機向量，分別表示其作為中心詞和上下文詞時的表示。

（3）將語料中的每個詞作為中心詞 c，將其附近定長視窗內的詞作為上下文詞 o，利用 c 和 o 詞向量的相似性計算條件機率 $P(c|o)$ 或 $P(o|c)$。

（4）調整詞向量最大化條件機率。

其中，CBOW 模型和 Skip-gram 的區別在第（3）步：CBOW 模型是計算 $P(c|o)$，即根據上下文對中心詞進行預測；而 Skip-gram 模型是計算 $P(o|c)$，即根據中心詞預測上下文中的單字。

以文字序列「我」「愛」「多模態」「資訊」「處理」為例，假定中心詞為「多模態」，上下文視窗設定為 2，即在中心詞左右各取 2 個詞作為條件。

圖 3.1（a）展示了 CBOW 的模型結構。可以看到，CBOW 模型計算基於上下文詞「我」「愛」「資訊」「處理」生成中心詞「多模態」的條件機率。上下文詞和中心詞的表示矩陣分別記為 $\boldsymbol{W}^{\text{in}}$ 和 $\boldsymbol{W}^{\text{out}}$，上下文詞表示記為 $\boldsymbol{W}^{\text{in}}_{t-2}, \boldsymbol{W}^{\text{in}}_{t-1}, \boldsymbol{W}^{\text{in}}_{t+1}, \boldsymbol{W}^{\text{in}}_{t+2}$，中心詞的表示記為 $\boldsymbol{W}^{\text{out}}_{t}$，則條件機率為

$$P(c|o) = \frac{\exp(\boldsymbol{W}_t^{\text{out}\top} \bar{\boldsymbol{W}}_t^{\text{in}})}{\sum_i \exp(\boldsymbol{W}_i^{\text{out}\top} \bar{\boldsymbol{W}}_t^{\text{in}})} \tag{3.1.1}$$

其中，$\bar{\boldsymbol{W}}_t^{\text{in}} = \frac{1}{4}(\boldsymbol{W}_{t-2}^{\text{in}} + \boldsymbol{W}_{t-1}^{\text{in}} + \boldsymbol{W}_{t+1}^{\text{in}} + \boldsymbol{W}_{t+2}^{\text{in}})$ 為上下文詞向量的平均值。

圖 3.1（b）展示了 Skip-gram 的模型結構。可以看到，Skip-gram 模型計算基於中心詞「多模態」生成上下文詞「我」「愛」「資訊」「處理」的條件機率。中心詞和上下文詞的表示矩陣分別記為 $\boldsymbol{W}^{\text{in}}$ 和 $\boldsymbol{W}^{\text{out}}$，中心詞的表示記為 $\boldsymbol{W}^{\text{in}}_{t}$，上下文詞表示記為 $\boldsymbol{W}^{\text{out}}_{t-2}, \boldsymbol{W}^{\text{out}}_{t-1}, \boldsymbol{W}^{\text{out}}_{t+1}, \boldsymbol{W}^{\text{out}}_{t+2}$，Skip-gram 模型分別計算基於中心詞生成每個上下文詞的條件機率，然後計算這些條件機率的乘積並將其作為最終結果，即

$$P(o|c) = \prod_{t-2 \leqslant k \leqslant t+2, k \neq t} \frac{\exp(\boldsymbol{W}_t^{\text{out}\top} \boldsymbol{W}_k^{\text{in}})}{\sum_i \exp(\boldsymbol{W}_i^{\text{out}\top} \boldsymbol{W}_k^{\text{in}})} \tag{3.1.2}$$

實際上，可以將 CBOW 模型和 Skip-gram 模型都看作標準的三層神經網路，包括輸入層、隱藏層和輸出層。對於 CBOW 模型，輸入層就是維度等於詞表大小的詞袋特徵；隱藏層為一個不附帶啟動函式和偏置的全連接層，其將輸入層詞袋特徵映射至詞向量空間獲得上下文表示，也被稱為詞向量層；輸出層也是一個不附帶啟動函式和偏置的全連接層，其輸出為整個詞表上的機率分佈，目標是對中心詞進行分類預測。對於 Skip-gram 模型，輸入層為中心詞的獨熱編碼；

隱藏層同樣為一個不附帶啟動函式和偏置的全連接層,其將該獨熱編碼映射至詞向量空間;輸出層也是一個不附帶啟動函式和偏置的全連接層,其輸出為整個詞表上的機率分佈,其目標是根據中心詞的向量對每個上下文詞進行分類預測。對於這兩個模型,W^{in} 和 W^{out} 分別為隱藏層和輸出層的權重。

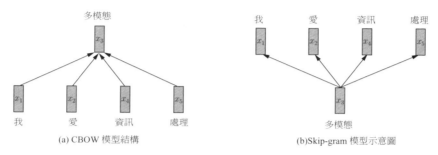

(a) CBOW 模型結構   (b)Skip-gram 模型示意圖

▲ 圖 3.1 CBOW 和 Skip-gram 模型示意圖

需要注意的是,CBOW 模型中通常使用輸出層的權重作為詞表示,而 Skip-gram 模型中通常使用輸入層的權重作為詞表示。

3.1.2 GloVe

GloVe(global vectors)是史丹佛大學的研究人員發佈的詞表示訓練工具套件,其核心思想是結合 Word2vec 和全域詞共現矩陣分解的優點,學習基於全域詞頻統計的詞表示。GloVe 模型訓練的基本流程如下。

(1)收集大規模文字語料,並統計語料中的詞,建立詞表。

(2)建構詞共現矩陣 X,其中 X_{ij} 表示中心詞 i 和上下文詞 j 在定長視窗內的共現次數。這裡共現次數的統計考慮了兩個詞之間的距離,具體來說,就是距離較遠的詞對於共現次數的貢獻較小。假定語料中的中心詞 i 和上下文詞 j 在定長視窗內一共共現 N 次,第 n 次的距離記為 $d_n(i,j)$,則有

$$X_{ij} = \sum_{n=1}^{N} \frac{1}{d_n(i,j)} \tag{3.1.3}$$

（3）利用中心詞的表示矩陣 $\boldsymbol{W}^{\text{in}}$ 和上下文詞的表示矩陣 $\boldsymbol{W}^{\text{out}}$ 擬合共現矩陣 $\boldsymbol{X}$。GloVe 模型的損失函式具體形式為

$$\sum_i \sum_j f_{ij} \left(\boldsymbol{W}_i^{\text{in}^{\text{T}}} \boldsymbol{W}_j^{\text{out}} + b_i^{\text{in}} + b_j^{\text{out}} - \log X_{ij} \right)^2 \tag{3.1.4}$$

其中，b_i^{in} 和 b_j^{out} 分別為中心詞 i 的偏置和上下文詞 j 的偏置，f_{ij} 為中心詞 i 和上下文詞 j 的損失權重函式。

權重函式 f_{ij} 的設定值和共現次數有關，GloVe 模型認為共現次數越少的兩個詞的權重越小，但是也不希望共現次數多的兩個詞的權重過大，因此，採取了以下形式的分段函式：

$$f_{ij} = \begin{cases} \left(\dfrac{X_{ij}}{X_{\max}} \right)^{\alpha}, & X_{ij} < X_{\max} \\ 1, & 其他 \end{cases} \tag{3.1.5}$$

這裡，$X_{\max}$ 和 α 為超參數，GloVe 論文中分別取 100 和 0.75。這表示，當兩個詞共現次數小於 100 時，權重隨著共現次數遞增且不大於 1，不然權重恒為 1。需要注意的是，當兩個詞沒有共現時，權重為 0，因此，GloVe 模型的訓練可以省略 $X_{ij} = 0$ 的損失項，只對共現矩陣中的非零項進行訓練。

GloVe 模型中通常使用中心詞和上下文詞的表示之和作為詞表示。預訓練的 GloVe 詞向量可以從連結[1]下載。

3.2 基於循環神經網路的動態詞表示

靜態詞表示模型完成訓練後，每個詞都被表示成一個唯一的向量，不再考慮詞所在的上下文。這種表示方法存在明顯的局限性，即無法處理一詞多義問題。舉例來說，在「杜鵑哪個季節開花」和「杜鵑的叫聲像什麼」的上下文中，

1　https://github.com/stanfordnlp/GloVe

「杜鵑」的意思截然不同。用不同的詞向量表示這兩個「杜鵑」更為合理。為此，研究者提出基於循環神經網路（recurrent neural network，RNN）的動態詞表示模型，使得同一個詞的表示可以根據其所處上下文的不同而發生變化。

3.2.1 循環神經網路基礎

RNN 是深度學習中用於處理序列資料的模型。如圖 3.2 所示，RNN 的最大特點是，隱藏層輸出又作為其自身的輸入之一。給定輸入序列 $x_1, x_2, \cdots, x_n$，形式上，隱藏層的更新方式如下。

$$h_t = \phi(x_t W_{xh} + h_{t-1} W_{hh} + b_h) \tag{3.2.1}$$

其中，x_t 為第 t 時刻的輸入；h_t 為第 t 時刻神經網路的輸出，又稱為隱狀態（hiddenstate）；W_{xh} 為輸入隱狀態的網路權重；W_{hh} 為新引入的隱狀態隱狀態的網路權重；b_h 為偏置參數；ϕ 為非線性啟動函式。

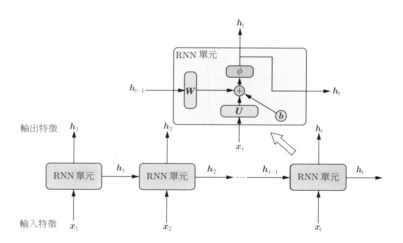

▲ 圖 3.2 RNN 結構示意圖

3.2.2 現代循環神經網路

RNN 結構簡單，易於使用，但存在梯度消失問題，導致它在建模較長的序列時效果不佳。因此，我們一般使用 RNN 的兩個變種：長短時記憶網路（long short-term memory,LSTM）[56] 及閘門循環單元（gated recurrent unit,GRU）[57]。為了進一步提升 RNN 建模序列資料的能力，實際中還經常使用多個隱藏層的RNN，以及同時進行前向和後向計算的雙向 RNN。下面介紹這些模型。

1. 長短時記憶網路

LSTM 相比 RNN 有更複雜的結構和神經元連接方式，如圖 3.3 所示，LSTM 的網路結構中包含了三個門操作，同時新增了細胞狀態（cell state）用來維護網路在編碼時序資訊過程中的中間狀態。在每個時刻下，模型會依據當前時刻的輸入 x_t 與上一時刻的模型輸出 h_{t-1} 計算出一個新的候選細胞狀態 $\tilde{C}_t$：

$$\tilde{C}_t = \tanh(\boldsymbol{W}_C \cdot [\boldsymbol{h}_{t-1}, \boldsymbol{x}_t] + \boldsymbol{b}_C) \tag{3.2.2}$$

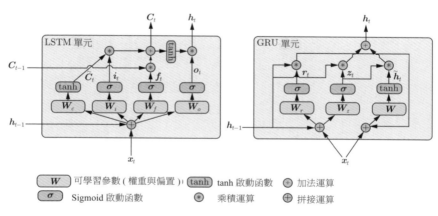

▲ 圖 3.3 LSTM 和 GRU 單元結構示意圖

　　然後，利用輸入門和遺忘門控制細胞狀態中資訊的獲取與釋放。其中，輸入門 i_t 決定了當前時刻的候選細胞狀態中有哪些資訊需要被記住（進入細胞狀態中），遺忘門 f_t 調節了上個時刻的細胞狀態有哪些需要被遺忘：

$$\begin{cases} \boldsymbol{i}_t = \boldsymbol{\sigma}(\boldsymbol{W}_i \cdot [\boldsymbol{h}_{t-1}, \boldsymbol{x}_t] + \boldsymbol{b}_i) \\ \boldsymbol{f}_t = \boldsymbol{\sigma}(\boldsymbol{W}_f \cdot [\boldsymbol{h}_{t-1}, \boldsymbol{x}_t] + \boldsymbol{b}_f) \\ \boldsymbol{C}_t = \boldsymbol{f}_t * \boldsymbol{C}_{t-1} + \boldsymbol{i}_t * \widetilde{\boldsymbol{C}}_t \end{cases} \tag{3.2.3}$$

　　最後，輸出門控制了當前時刻細胞狀態中有哪些需要輸出：

$$\begin{cases} \boldsymbol{o}_t = \boldsymbol{\sigma}(\boldsymbol{W}_o \cdot [\boldsymbol{h}_{t-1}, \boldsymbol{x}_t] + \boldsymbol{b}_f) \\ \boldsymbol{h}_t = \boldsymbol{o}_t * \tanh(\boldsymbol{C}_t) \end{cases} \tag{3.2.4}$$

　　LSTM 透過引入門操作和細胞狀態，一定程度上緩解了 RNN 的梯度消失問題，更有利於長句子的建模。

2. 門控循環單元

　　GRU 相比 LSTM 有更少的參數和更簡單的參數更新規則，提高了訓練速度。如圖 3.3 所示，GRU 中取消了細胞狀態，同時僅有兩個門操作——更新門 z_t 和重置門 r_t，用以控制上一時刻的隱狀態中有哪些資訊可以流入當前時刻的隱狀態，以及當前時刻的輸入資訊有哪些可以進入當前時刻的隱狀態。形式化地，

$$\begin{cases} \boldsymbol{z}_t = \boldsymbol{\sigma}(\boldsymbol{W}_z \cdot [\boldsymbol{h}_{t-1}, \boldsymbol{x}_t]) \\ \boldsymbol{r}_t = \boldsymbol{\sigma}(\boldsymbol{W}_r \cdot [\boldsymbol{h}_{t-1}, \boldsymbol{x}_t]) \\ \widetilde{\boldsymbol{h}}_t = \tanh(\boldsymbol{W} \cdot [\boldsymbol{r}_t * \boldsymbol{h}_{t-1}, \boldsymbol{x}_t]) \\ \boldsymbol{h}_t = (1 - \boldsymbol{z}_t) * \boldsymbol{h}_{t-1} + \boldsymbol{z}_t * \widetilde{\boldsymbol{h}}_t \end{cases} \tag{3.2.5}$$

3. 雙向循環神經網路

　　到目前為止，我們考慮的所有 RNN 都是前向的，這表示 t 時刻的狀態只能從之前的序列 x_1, x_2, $\cdots$, x_{t-1} 以及當前的輸入 x_t 推斷出來。然而，在獲取文字表示的任務中，每個詞不僅和之前出現的詞相關，也和之後出現的詞相關。因此，我們希望增加一個反向的 RNN，即從後往前執行的 RNN。圖 3.4 展示了具體的雙向 RNN 模型的結構。形式上，前向和反向隱狀態的更新如下。

$$\begin{cases} \overrightarrow{h}_t = \phi(x_t \overrightarrow{W}_{xh} + \overrightarrow{h}_{t-1} \overrightarrow{W}_{hh} + \overrightarrow{b}_h) \\ \overleftarrow{h}_t = \phi(x_t \overleftarrow{W}_{xh} + \overleftarrow{h}_{t-1} \overleftarrow{W}_{hh} + \overleftarrow{b}_h) \end{cases} \tag{3.2.6}$$

這樣，序列中的每個詞就對應兩個隱狀態了。

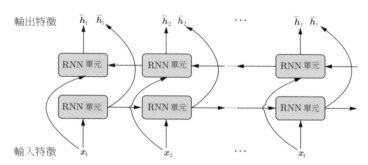

▲ 圖 3.4　雙向循環神經網路結構示意圖

4. 深度循環神經網路

　　循環神經網路也可以包含多個隱藏層，我們稱之為深度循環神經網路。圖 3.5 展示了一個包含 L 個隱藏層的深度循環神經網路，其每個隱狀態都由前一時刻當前層的隱狀態和當前時刻前一層的隱狀態獲得。假設第 t 時刻的第 l 個隱藏層的隱狀態為 $h_t^{(l)}$，輸入 $x_t = h_t^{(0)}$，

$$h_t^{(l)} = \phi(h_t^{(l-1)} W_{xh}^{(l)} + h_{t-1}^{(l)} W_{hh}^{(l)} + b_h^{(l)}) \tag{3.2.7}$$

其中，$\boldsymbol{W}_{xh}^{(l)}$、$\boldsymbol{W}_{hh}^{(l)}$、$\boldsymbol{b}_{h}^{(l)}$ 為第 l 層的模型參數。

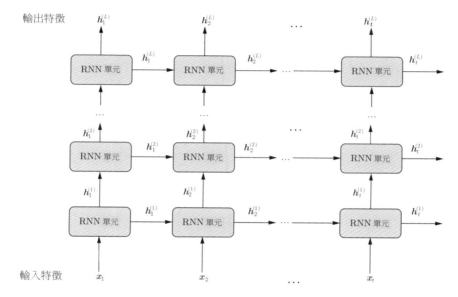

▲ 圖 3.5 深度循環神經網路結構示意圖

3.2.3 動態詞表示和整體表示

在多模態資訊處理模型中，基於循環神經網路的動態詞表示常用於編碼文字，以獲得文字中的每個詞的表示和文字整體表示。具體而言，常用的獲取動態詞表示和整體表示的方法有以下兩類。

一是使用 RNN 建模文字序列時，每個詞的表示為其對應的最後一個隱藏層輸出；文字整體表示為最後一個詞的表示或所有詞表示的平均值或最大值。假設文字序列包含 5 個詞，每個詞的嵌入表示維度為 50，下面舉出了使用包含 2 個隱藏層，隱藏層維度均為 64 的 GRU-RNN 提取文字表示的範例。

```
import torch
import torch.nn as nn

rnn = nn.GRU(input_size = 50, hidden_size = 64,
```

（接下頁）

（接上頁）

```
                 num_layers = 2, batch_first = True, bidirectional = False)
input = torch.randn(1, 5, 50)
output, hidden = rnn(input)
# rnn 傳回兩個張量 output 和 hidden
# output 的形狀為 (batch_size, num_words, hidden_size)
# hidden 為最後一個詞對應的表示，形狀為 (num_layers, batch_size, hidden_size)
print('rnn 傳回值 output 的形狀：', output.shape)
print('rnn 傳回值 hidden 的形狀：', hidden.shape)


word_representation = output
global_representation_lastword = hidden[-1] # 這裡也可以是 output[:,-1,:]
global_representation_avg = torch.mean(output, axis=1)
global_representation_max = torch.amax(output, dim=1)
print(' 詞表示的形狀：', word_representation.shape)
print(' 整體表示（最後一個詞表示）的形狀', global_representation_lastword.shape)
print(' 整體表示（所有詞表示的平均值）的形狀', global_representation_avg.shape)
print(' 整體表示（所有詞表示的最大值）的形狀', global_representation_max.shape)
```

```
rnn 傳回值 output 的形狀： torch.Size([1, 5, 64])
rnn 傳回值 hidden 的形狀： torch.Size([2, 1, 64])
詞表示的形狀： torch.Size([1, 5, 64])
整體表示（最後一個詞表示）的形狀： torch.Size([1, 64])
整體表示（所有詞表示的平均值）的形狀： torch.Size([1, 64])
整體表示（所有詞表示的最大值）的形狀： torch.Size([1, 64])
```

　　二是使用雙向 RNN 建模文字序列時，每個詞的表示為其對應的前向和後向的最後一個隱藏層輸出的平均值或拼接結果；整體表示一般為第一個詞或最後一個詞的表示。下面的程式展示了使用雙向 GRU-RNN 提取動態詞表示和整體表示的過程。

```
import torch
import torch.nn as nn
# 將參數 bidirectional 的值設為 True，即為雙向 RNN

rnn = nn.GRU(input_size = 50, hidden_size = 64,
                 num_layers = 2, batch_first = True, bidirectional = True)
input = torch.randn(1, 5, 50)
```

（接下頁）

（接上頁）

```
output, hidden = rnn(input)
# rnn 傳回兩個張量 output 和 hidden
# output 的形狀為 (batch_size, num_words, 2*hidden_size)
# hidden 為最後一個詞對應的表示，形狀為 (2*num_layers, batch_size, hidden_size)
# 這裡的文字表示並沒有使用 hidden
print('rnn 傳回值 output 的形狀：', output.shape)
print('rnn 傳回值 hidden 的形狀：', hidden.shape)

word_representation_avg = \
        (output[:,:,:output.size(2)//2] + output[:,:,output.size(2)//2:])/2
word_representation_concat = output
global_representation_firstword = output[:,0,:]
global_representation_lastword = output[:,-1,:]
print(' 詞表示（前向和後向表示的平均值）的形狀：', word_representation_avg.shape)
print(' 詞表示（前向和後向表示的拼接）的形狀：', word_representation_concat.shape)
print(' 整體表示（第一個詞表示）的形狀：', global_representation_firstword.shape)
print(' 整體表示（最後一個詞表示）的形狀：', global_representation_lastword.shape)
```

```
rnn 傳回值 output 的形狀： torch.Size([1, 5, 128])
rnn 傳回值 hidden 的形狀： torch.Size([4, 1, 64])
詞表示（前向和後向表示的平均值）的形狀： torch.Size([1, 5, 64])
詞表示（前向和後向表示的拼接）的形狀： torch.Size([1, 5, 128])
整體表示（第一個詞表示）的形狀： torch.Size([1, 128])
整體表示（最後一個詞表示）的形狀： torch.Size([1, 128])
```

3.3 基於注意力的預訓練語言模型表示

在使用 RNN 獲取文字表示的方法中，當前詞的輸出（隱狀態）是由其表示和前一個詞對應的隱狀態共同決定的。這會產生兩個問題：一是當前詞的輸出並不直接和其他詞發生連結，當兩個相關性較大的詞距離較遠時，會產生較大的資訊損失，這不利於建模長句中詞之間的遠距離依賴關係；二是所有詞的輸出無法平行計算，計算效率較低，難以在大規模語料上訓練。自注意力正是為了解決這兩個問題而出現的代替 RNN 的一種操作，如今已經成為自然語言處理的標準模型。隨著注意力機制研究的不斷深入，基於注意力的預訓練語言模型 BERT[53] 被提出，使得自然語言處理進入新的「預訓練 - 微調」時代。BERT 也隨後迅速成為最主流的文字表示方法之一，並直接催生了多模態預訓練的研究。

3.3.1 自注意力

自注意力整體框架示意圖如圖 3.6 所示，每個詞對應的輸出都直接連接所有詞，且所有詞對應的輸出可以平行計算。

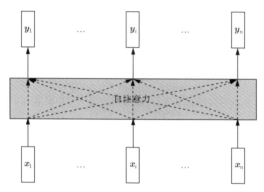

▲ 圖 3.6 自注意力整體框架示意圖

1. 計算流程

自注意力的輸入和輸出均為 n 個向量組成的序列：輸入序列 X 記為 $\{x_1, x_2, \cdots, x_n\}$，輸出序列 Y 記為 $\{y_1, y_2, \cdots, y_n\}$，自注意力的具體計算流程如圖 3.7 所示，具體描述如下。

（1）使用 3 個全連接層將所有輸入單元都轉化為 3 個向量：查詢（query，Q）、鍵（key，K）和值（value，V）。形式上，對於輸入序列中的第 i 個向量，其對應的查詢 q_i、鍵 k_i、值 v_i 為

$$\begin{cases} q_i = W_Q x_i \\ k_i = W_K x_i \\ v_i = W_V x_i \end{cases} \tag{3.3.1}$$

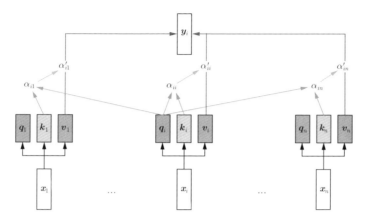

▲ 圖 3.7 自注意力的輸出序列第 i 個向量的計算流程示意圖

（2）對每個輸入向量，計算其查詢和所有鍵之間的相似性，以此作為該輸入向量和所有輸入向量之間的相關性，該相關性也被稱為注意力得分。

$$\alpha_{ij} = a(\boldsymbol{q}_i, \boldsymbol{k}_j) \tag{3.3.2}$$

其中，a 為注意力評分函式，簡稱評分函式。評分函式有很多種，其中使用較為廣泛的是以下兩個評分函式。

• 縮放點積（scaled dot-product）注意力[58]：直接計算查詢和鍵的點積，即 $\dfrac{\boldsymbol{q}_i \cdot \boldsymbol{k}_j}{\sqrt{d}}$，其中，$d$ 為向量 $\boldsymbol{q}_i$ 的長度。

• 加性（additive）注意力[59]：將查詢和鍵連接起來，然後透過啟動函式為 tanh 的全連接神經網路進行變換，最後再做一次線性變換，即 $\boldsymbol{W}_2^{\mathrm{T}}\tanh(\boldsymbol{W}_1[\boldsymbol{q}_i; \boldsymbol{k}_j])$，其中 $\boldsymbol{W}_1$ 和 $\boldsymbol{W}_2$ 為參數。

（3）歸一化注意力得分：

$$\alpha_{ij}^{'} = \frac{\exp(\alpha_{ij})}{\sum_k \exp(\alpha_{ik})} \tag{3.3.3}$$

（4）以注意力得分為權重，對 V 進行加權求和，計算輸出特徵：

$$\boldsymbol{y}_i = \sum_k \alpha_{ik}^{'} \boldsymbol{v}_k \tag{3.3.4}$$

這樣，輸入序列中每個輸入向量 x_i 就對應一個輸出向量 y_i。可以看到，每個輸出向量都是由整個輸入序列得到的，且可以平行計算得到所有的輸出向量。為了方便之後的描述，我們將自注意力操作記為

$$Y = SA(X) \tag{3.3.5}$$

2. 位置編碼

目前為止，自注意力中沒有編碼位置資訊，即沒有考慮序列的先後順序，也沒有考慮序列中不同單元之間的距離。然而，這些都是獲取高效的序列表示必不可少的要素。因此，為了使用序列的順序資訊，需要將位置資訊也加入自注意力的輸入中。

位置編碼的常用方法有兩類：一是固定編碼，即手工給每個位置設定一個編碼；二是可學習編碼，即從資料中學習位置編碼。

第一類方法中最具代表性的是基於正弦函式和餘弦函式的編碼 [58]。假設輸入序列包含 n 個單元，每個單元的特徵維度為 d，則輸入序列可記作 $X \in \mathbb{R}^{n \times d}$。位置編碼使用形狀的矩陣 $P \in \mathbb{R}^{n \times d}$，矩陣的第 i 行的第 $2j$ 列和第 $2j + 1$ 列的元素值分別為

$$\begin{cases} p_{i,2j} = \sin\left(\frac{i}{10000^{2j/d}}\right) \\ p_{i,2j+1} = \cos\left(\frac{i}{10000^{2j/d}}\right) \end{cases} \tag{3.3.6}$$

這種編碼方式具備以下優點：它能為每個位置輸出一個獨一無二的編碼；包含不同數量詞的句子之間，任何兩個位置之間的距離應該保持一致；可以泛化到包含任意數量的詞的句子；它的值是有界的；相同位置的詞的編碼是確定的。

第二類方法直接使用位置的獨熱編碼，然後使用一層全連接網路將其轉換成位置編碼。

3. 多頭自注意力

自注意力捕捉了序列中各個輸入向量之間的連結，但是一個輸入向量可能和其他多個輸入向量相關，而自注意力中歸一化注意力得分的操作導致一個輸入向量無法同時關注多個輸入。因此，在實踐中，我們一般使用多組自注意力捕捉不同類型的連結，這種操作被稱為多頭自注意力[58]，每一組自注意力被稱作一個頭。具體而言，就是利用多組 Q、K、V 產生多組輸出序列，再利用一個全連接層將多組輸出拼接的向量進行投影變換，得到最終輸出。圖 3.8 展示了多頭自注意力的結構。

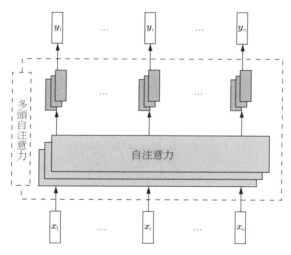

▲ 圖 3.8 多頭自注意力的結構

3.3.2 transformer 編碼器

和 RNN 一樣，自注意力層也可以多次堆疊使用，以建模更加複雜的高階關係。transformer 編碼器[58] 正是透過堆疊自注意力層獲得。如圖 3.9 所示，transformer 編碼器堆疊了 N_e 個相同的 transformer 區塊（block）。單一 transformer 區塊包含了多頭自注意力和前饋網路（一般為兩個全連接層組成的多層感知機，第一個全連接層的啟動函式為 ReLU），並使用了層規範化（layer normalization，LN）和殘差連接等深度學習常用的訓練技巧。其中前饋網路是為了增加表示的非線性變換。

形式上，令第 l 層的表示為 Z^l，那麼經過 transformer 區塊轉換得到的第 $l+1$ 層的表示 Z^{l+1} 的計算流程如下：

$$\begin{cases} \hat{Z}^l = \text{LN}(\text{MSA}(Z^l) + Z^l) \\ Z^{l+1} = \text{LN}(\text{MLP}(\hat{Z}^l) + \hat{Z}^l) \end{cases} \tag{3.3.7}$$

其中，MSA 為多頭自注意力。

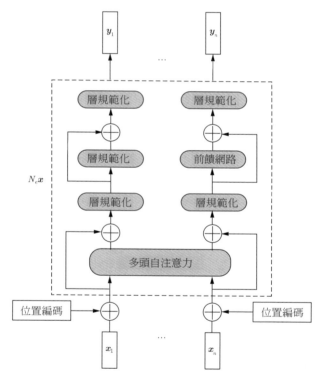

▲ 圖 3.9 transformer 編碼器結構示意圖

3.3.3 BERT

來自 transformer 的雙向編碼器表示（bidirectional encoder representations from transformer, BERT）[53] 是 2018 年被提出的基於 transformer 編碼器的預訓練語言模型。其出現徹底改變了自然語言處理領域的研究範式，使得自然語言處理領域真正進入「預訓練 - 微調」時代，即先在大規模無監督文字語料上訓練模型，然後以極小的架構改變代價在下游任務上微調。

如圖 3.10 所示，BERT 的輸入由兩段文字拼接而成，中間的網路結構由 transformer 編碼器組成，最後需要完成兩個預訓練任務：遮罩語言模型和下一個句子預測。下面具體介紹 BERT 的輸入表示和預訓練任務。

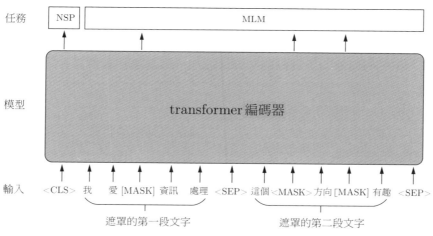

▲ 圖 3.10 BERT 整體框架示意圖

1. 輸入表示

如圖 3.11 所示，BERT 的輸入序列由識別字 <CLS>、第一段文字、分隔識別字 <SEP>、第二段文字、分隔識別字 <SEP> 拼接而成。除了詞向量和位置向量，BERT 的輸入表示還增加了區塊向量以區分這兩段文字，第一個句子中每個詞對應的區塊編碼為 0，第二個句子中每個詞對應的區塊編碼為 1。BERT 中的位置向量為可學習編碼。最終，BERT 的輸入表示為詞向量、區塊向量、位置向量之和。

輸入表示

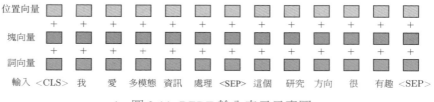

▲ 圖 3.11 BERT 輸入表示示意圖

2. 預訓練任務

遮罩語言模型 (masked language model, MLM) 任務隨機選取部分詞進行遮罩操作，並要求模型預測這些被遮罩的詞。具體而言，BERT 隨機掩蓋了輸入序列中 15% 的 WordPieces 子詞，對於每個子詞，以 80% 的機率使用 [MASK] 標記將其替換，以 10% 的機率將其替換為隨機詞，以 10% 的機率不進行任何替換。然後透過在每個掩蓋的子詞的輸出向量後加一個全連接層預測其原始子詞。需要注意的是，這裡並沒有將全部掩蓋的詞都替換為 [MASK] 標記，這是因為總是掩蓋 15% 的子詞會造成預訓練階段和下游任務微調階段之間輸入資料統計特性的不一致，影響模型的效果。而且，不論是哪種替換方式，其對應的目標輸出都是原始子詞。

下一個句子預測 (next sentence prediction, NSP) 任務將兩個句子拼接，並判斷第二個句子是否為第一個句子的下一個句子，這是一個標準的二分類問題。具體而言，首先收集正負樣本：正樣本來自文字中相鄰的兩個句子；負樣本為將第二個句子隨機替換為語料中任意一個其他句子。然後透過在 <CLS> 的輸出向量後加一個全連接層預測句子對的類別。

3.3.4 BERT 詞表示和整體表示

下面舉出利用 HuggingFace[1] 提取 BERT 詞表示和整體表示的程式。這裡，BERT 詞表示為每個詞的輸出向量，BERT 整體表示為所有詞表示的平均值。這也是文字生成影像模型 XMC-GAN[33] 中提取文字表示的方案。

```
from transformers import BertModel, BertTokenizer, logging
```

```
logging.set_verbosity_error()

# bert-base-uncased 為所使用的預訓練 BERT 模型名稱
tokenizer = BertTokenizer.from_pretrained('bert-base-uncased')
model = BertModel.from_pretrained('bert-base-uncased')

# 文字
texts = ['I love multimodal information processing']
# 將文字轉化為子詞序列
encoded_input = tokenizer(texts, return_tensors='pt')
print('子詞序列：', tokenizer.convert_ids_to_tokens(encoded_input['input_ids'][0]))
# 執行 BERT 模型前饋過程
output = model( **encoded_input )
# 詞表示
word_representation = output['last_hidden_state']
# 整體表示
global_representation = word_representation.mean(axis=1)

print('詞表示的形狀：', word_representation.shape)
print('整體表示的形狀：', global_representation.shape)
```

```
子词序列: ['[CLS]', 'i', 'love', 'multi','##mo', '##dal', 'information', 'processing',
'[SEP]']
词表示的形狀： torch.Size([1, 9, 768])
整体表示的形狀： torch.Size([1, 768])
```

3.4 小結

　　單模態表示提取是多模態資訊處理的基礎。本章主要介紹了多模態深度學習中常用的文字表示的發展歷史和動機，詳細介紹了 3 類文字表示及其獲取方法。這些文字表示依賴不同的神經網路模型：靜態詞表示依賴詞嵌入模型，動態詞表示依賴循環神經網路，預訓練語言模型表示依賴注意力網路。這些表示方法給多模態資訊處理在建模文字模態資料時提供了強有力的工具，我們將在之後的章節中介紹這些文字表示提取方法的應用。

3.5 習題

1. 寫出獲取任意詞的 GloVe 詞向量的程式。

2. 設計一個獲取圖文多模態的靜態詞表示的方案。

3. 設計一個獲取圖文多模態的動態詞表示的方案。

4. 總結 PyTorch 中利用循環神經網路同時獲取多個不定長的句子的動態詞表示和整體表示的方法，要求用程式輔助說明。

5. 寫出自注意力和循環神經網路的優缺點。

6. 按照 3.3.4 節中的程式範例，利用 HuggingFace 中的任意中文版 BERT 模型寫出提取中文句子的詞表示和整體表示的程式。

影像表示

  第 3 章介紹了多模態模型中使用的文字表示的發展歷程,以及常用的文字表示提取方法。在影像模態方面,多模態資訊處理模型在影像端的輸入形式同樣從基於像素值和梯度統計量的詞袋特徵發展為在大規模資料集上預訓練的深度網路表示。

  在深度學習之前,影像特徵嚴重依賴於電腦視覺專家的手工設計,比如 SIFT、HOG、GIST、SURF、LBP 等。這些特徵都是依靠影像像素值和梯度統計量按照一定的規則計算得到。一般來說,多數特徵計算速度慢,且僅適用於特定任務,比如 HOG 適用於行人檢測,GIST 適用於場景分類。

  深度學習直接以原始訊號作為模型的輸入,不再依賴人工設計的特徵,能夠學習與任務最相關的特徵表示。2012 年,Krizhevsky 等提出的深度網路

AlexNet[60] 首次在 ImageNet 大規模視覺辨識挑戰賽中以巨大優勢戰勝傳統人工特徵，揭開了深度網路表示的序幕。之後，利用在大規模資料集上訓練的影像分類模型取出影像特徵的方式成為主流。一種最常見的方式是首先在大規模標註資料集上預先訓練影像分類模型，然後對於新的影像分類任務，僅根據新的分類任務的類別數量修改模型最後一層的神經元數量，重新訓練該模型最後一層的權重，並對該模型其他層權重進行進一步的微調。這種「預訓練 - 微調」的訓練範式本質上是遷移學習思想的一種應用。

這種基於深度網路形式的影像輸入由於是以語義符號為監督資訊訓練得到的，因此包含了豐富的語義資訊，這無疑自然地縮小了圖文跨模態鴻溝，被廣泛使用於多模態模型之中。較為早期的方法都是直接使用基於影像分類模型的整體表示，即使用預訓練的卷積神經網路的倒數第二層將每幅影像表示為單一向量。舉例來說，較為早期的跨模態檢索研究工作 [61]，第一批影像語言描述研究工作 NIC[50]、*m*-RNN[51]，第一批視覺問答研究工作 Neural-Image-QA[62]、VIS+LSTM[52] 等。

隨著多模態資訊處理技術的發展，深度網路表示的使用形式日漸豐富。研究人員認為將影像表示為單一的多維向量容易導致影像的局部細節被忽略，不易於建模細粒度的圖文連結。於是，他們開始使用基於影像分類模型的網格表示，即使用預訓練的卷積神經網路的最後一個卷積層或池化層將每張影像表示為網格形狀的多組向量，每個格子對應的向量代表其相應區域的表示。使用網格表示的研究工作有：針對跨模態檢索任務和視覺問答任務的 DAN[63]、影像描述任務導向的 ARCTIC[64] 和 SCST[65]。很多時候，網格表示和整體表示會被同時使用，以捕捉圖文跨模態的整體和局部連結。

儘管網格表示可以代表多個影像區域的特徵，但是無法代表人類更關注的特定目標或顯著區域。針對這一問題，自 2018 年起，物件辨識模型被廣泛用於多模態任務中的影像表示提取任務，以獲得影像的目標物件級的區域表示。基於物件辨識模型的區域表示在 BUTD[66] 中被首次提出，並應用於影像語言描述和視覺問答兩個任務中。隨後，區域表示成為多模態任務中影像輸入形式的主流，廣泛應用於跨模態檢索[67]、影像語言描述、視覺問答等任務，以及絕大多數多模態預訓練方法中。和網格表示一樣，區域表示也經常和整體表示搭配使用。

2020 年，視覺 transformer[68] 被提出，將已經取得巨大成功的 transformer 結構直接用來建模影像像素等級的特徵。視覺 transformer 將影像直接切割成區塊 (patch)，並利用線性變換將每一個區塊映射為一個視覺詞表示，最後利用 transformer 編碼器獲取影像表示：每一個區塊對應的 transformer 層輸出表示為區塊表示，分類識別字 <CLS> 對應的輸出表示為影像的整體表示。由於使用了 transformer 結構，區塊表示經常應用於同樣使用 transformer 結構建構的多模態預訓練模型中，如 VLMo[69]、CLIP[70] 和 ALBEF[71] 等。

2021 年年初，OpenAI 發佈了跨模態生成模型 DALL·E[72]，其首先利用量化自編碼器模型[73] 獲取影像的離散形式的壓縮表示，然後將影像的語言描述和影像的離散表示拼接在一起，將其當作新的「文字」訓練語料，利用該語料訓練神經語言模型，最終完成文字生成影像任務。這使得使用基於量化自編碼器的離散表示作為影像表示受到多模態研究者的關注。2021 年之後的 CogView[74]、VQ-Diffusion[75]、Parti[76] 和 Muse[77] 等都利用離散壓縮表示改進文字生成影像任務的性能。而 2022 年引起廣泛關注的 stable diffusion 模型[78] 則首先利用變分自編碼器學習影像的連續形式的壓縮表示，然後訓練以文字為條件、以連續壓縮表示為目標的條件擴散模型，完成文字生成影像任務。

本章將介紹上述圖文多模態資訊處理中常用的影像表示。這些影像表示按照依賴模型的不同可以歸納為四類：一是基於影像分類模型的整體表示和網格表示；二是基於物件辨識模型的區域表示；三是基於視覺 transformer 的區塊表示；四是基於自編碼器的壓縮表示。

4.1 基於卷積神經網路的整體表示和網格表示

4.1.1 卷積神經網路基礎

卷積神經網路是深度學習中最常用的建模影像的模型，其基本元素包括卷積層和池化層（pooling）。

卷積層是一種具有特殊連線性質的神經網路層，如圖 4.1 所示，其神經元之間是局部連接的，而非傳統神經網路的全連接。以輸入一幅影像為例，在全連接層中，每個神經元會接收影像中每個像素的訊號，而卷積層每個神經元只考慮圖中一個小區域內的像素。這就是卷積層所具有的局部連接的特性，其合理性在於大部分模式出現的範圍都比整幅圖小。卷積層另一個鮮明的特性是權重共用。一個卷積層的權重包括卷積核心和偏置，在前向計算時，卷積核心會在整幅影像上滑動，每次取圖中與卷積核心相同大小的區域與卷積核心做點積計算，並輸出一個實數值。遍歷影像的所有位置執行上述操作，即可為影像輸出一個特徵圖。如此，用一個卷積核心就可以與輸入影像的所有像素進行計算並輸出特徵，可認為特徵圖中的所有神經元共用同一套權重，這極大地減少了網路的參數量。權重共用的合理性在於相同的模式可能出現在影像的不同區域。

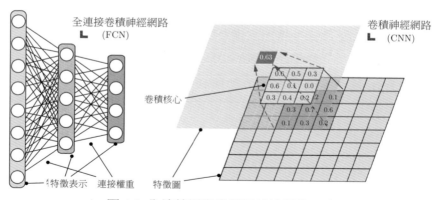

▲ 圖 4.1 全連接層與卷積層結構對比示意圖

一個典型的卷積層包含以下 4 個超參數。

- 卷積核心大小。卷積核心的大小決定了在計算特徵圖中的每個輸出值時需要考慮的像素數量。卷積核心越大，計算時考慮的像素越多，在極端情況下，當卷積核心大小等於輸入影像的面積時，卷積層退化為普通的全連接層。

- 卷積核心數量。一個卷積層可能需要檢測多種類型的特徵，因此通常包含不止一個卷積核心，多個卷積核心在同一輸入資料上做卷積可以獲得多個特徵圖，特徵圖的數量又稱通道數。卷積核心的數量決定了特徵圖通道數的大小。

- 步幅（stride）。由於影像中相鄰的子區域很相似，沒有必要檢測所有的子區域，因此卷積核心在掃描影像時不一定逐一像素地滑動，也可能間隔多個像素地跳躍。步進值決定了卷積核心每次「跳躍」的像素數量。

- 填充（padding）。當卷積核心的大小大於 1 時，影像中邊界處的像素無法作為卷積的中心完成卷積計算，因而卷積操作會使輸出特徵圖變小。有時，網路設計要求輸出特徵圖與輸入影像的長和寬一致，此時就需要對影像的邊界做填充。填充的方法有多種，如補 0 填充、反射填充等。CNN 除卷積層外，也常包含池化層。池化層不包含參數，可用降低特徵圖的大小，從而降低模型參數，加速模型訓練。常見的池化層有平均池化層和最大池化層。前者計算一個視窗內特徵的平均值，以一個平均值表徵該視窗內的多個特徵值；而後者計算視窗內的最大值。

4.1.2 現代卷積神經網路

現代卷積神經網路始於 2012 年 Krizhevsky 等提出的 AlexNet，它包含 5 個卷積層、3 個池化層和 3 個全連接層，使用 ReLU 代替 Sigmoid 作為啟動函式，緩解了多層網路的梯度消失問題，並使用 doupout 將全連接層的神經元隨機置 0，緩解了神經網路的過擬合問題，在 GPU 運算能力的加持下，最終在 2012 年的 ImageNet 大規模視覺辨識挑戰賽（12nd large scale visual recognition challenge,LSVRC-12）奪魁，以較大優勢擊敗了傳統電腦視覺模型。

隨後，在 LSVRC-13 中，Lin 等提出了 NiN[79]，其最大特色是包含了大量的 1×1 的卷積層，除第一個普通卷積層，後面的每個普通卷積層後面都會連接兩個 1×1 的卷積層和一個池化層。1×1 的卷積層相當於在特徵圖每個位置應用一個全連接層，造成調整通道數量，減少模型參數的作用。NiN 相比於 AlexNet 的另一個顯著區別是其完全取消了全連接層。NiN 的最後一個卷積層直接將通道數設定為類別數，最後使用全域平均池化層，生成一個和類別數維度相同的向量。

在之後的 LSVRC-14 中，Simonyan 等提出了 VGGNet 系列 [80]，其中 VGG16 和 VGG19 兩個網路結構在之後得到廣泛的使用。這兩種結構都包含了若干 3×3 的卷積層、2×2 的最大池化層和 3 個全連接層，二者的區別在於 VGG16 比 VGG19 少了 3 個卷積層。實驗表明，在感受野相同的目標下，堆疊多個小卷積核心的網路結構比直接使用大卷積核心的網路結構的參數量和計算量更小，但是表達能力更強。此外，VGGNet 的設計明確使用了區塊（block）的概念。區塊由一系列卷積層和池化層組成，整個神經網路由若干個區塊組成。這種思想不僅大大簡化了深層神經網路的實現，也啟發了之後深度神經網路的設計。同樣是在 LSVRC-14 中，Szegedy 等提出了 GoogLeNet[81]，它設計了並行連接多個不同大小卷積核心的 inception 區塊，並建構了當時最深的 22 層的神經網路，最終獲得了 LSVRC-14 的冠軍。

然而，隨著神經網路層數的增加，模型通常因為最佳化問題而難以達到更好的學習效果。一個實驗性的證據就是 56 層的模型比 20 層的模型的訓練誤差和測試誤差都更大。針對這一問題，問鼎 LSVRC-15 的殘差網路（ResNet）[82] 被提出，並對後來的深度神經網路產生了深刻的影響。殘差網路中的殘差區塊包含兩個 3×3 的卷積層，然後將其輸出和殘差區塊的輸入相加得到的最終結果作為殘差區塊的輸出。實驗表明，殘差區塊能夠有效地改善深層網路的最佳化難題，由其建構的網路中比較常用的有 ResNet-50、ResNet-101 和 ResNet-152。

4.1.3 整體表示和網格表示

在多模態學習中，一般採用在 ImageNet 等大規模資料集上預先訓練的 VGGNet 或 ResNet 作為影像表示提取器。根據選取的輸出層的不同，常見的影像表示有兩種：第一種是獲取影像的整體表示，一般選取分類層的輸入，如 VGGNet 的分類層的 4096 維的輸入特徵、ResNet-101 的分類層的 2048 維的輸入特徵等；第二種是獲取影像的網格特徵，通常選取最後一個池化層之前的輸出，即最後一個卷積特徵圖，例如在 ResNet-101 中，$3 \times 224 \times 224$ 輸入大小的影像會在最後一個卷積層輸出 $2048 \times 7 \times 7$ 大小的卷積特徵，代表影像包含 49（7×7）個網格區域，每個區域的特徵維度是 2048。在早期的多模態任務中，一般使用影像的整體表示。後來，隨著注意力機制的發展，大多使用影像的網格特徵建模影像區域和文字之間的細粒度連結。

下面的程式展示了使用 ResNet-101 提取整數體表示和網格表示的方法。

```python
import torch
import torchvision
import torchvision.transforms as transforms
from PIL import Image
from torchvision.models import ResNet101_Weights

# 載入 CNN 影像分類模型
model = torchvision.models.resnet101(weights=ResNet101_Weights.DEFAULT)
# ResNet-101 的最後兩層分別為 avgpool 和 fc，可以透過 print(model) 查看模型結構
# 整體表示提取器為刪除最後一個 fc 層的 ResNet-101
global_representation_extractor = torch.nn.Sequential(*(list(model.children())[:-1]))
# 網格表示提取器為刪除最後兩層的 ResNet-101
grid_representation_extractor = torch.nn.Sequential(*(list(model.children())[:-2]))
# 影像前置處理流程
preprocess_image = transforms.Compose([
    transforms.Resize(256),
    transforms.CenterCrop(224),
    transforms.ToTensor(),
    transforms.Normalize([0.485, 0.456, 0.406], [0.229, 0.224, 0.225])
])
# 讀取影像
img = Image.open('../img/test.jpg').convert('RGB')
# 執行影像前置處理
img = preprocess_image(img).unsqueeze(0) # unsqueeze(0) 將單張影像轉為 batch 形式
# 提取整體表示
```

（接下頁）

（接上頁）

```
global_representation = global_representation_extractor(img).squeeze()
# 提取網格表示
grid_representation = grid_representation_extractor(img).squeeze()
# 展示整體表示和網格表示的形狀
print('整體表示的形狀：', global_representation.shape)
print('網格表示的形狀：', grid_representation.shape)
```

```
整体表示的形状：  torch.Size([2048])
网格表示的形状：  torch.Size([2048, 7, 7])
```

4.2　基於物件辨識模型的區域表示

　　儘管網格表示可以表示多個影像區域，但是人類顯然更關注特定目標或顯著區域。因此，特徵圖上的網格表示並非理想的區域表示，其不能準確表示影像中大小不同、位置不同的目標。為了解決這一問題，物件辨識模型被廣泛用於多模態資訊處理，以提取影像的目標物件級的區域表示。

4.2.1　基於深度學習的物件辨識基礎

　　物件辨識任務的目標是獲得影像中的若干感興趣目標的類別和邊緣框位置。傳統物件辨識的流程包括 4 個階段：區域選擇、特徵提取、區域分類和後處理。區域選擇階段往往使用滑動視窗策略選擇候選區域；特徵提取階段提取影像的傳統視覺特徵，如 HOG、SIFT 等；區域分類階段對所有候選區域訓練分類器模型，判斷其是否為目的地區域；後處理階段通常使用非極大值抑制（non-maximum suppression，NMS）對前一階段產生的多個目的地區域進行合併。

　　自 2014 年以來，深度方法開始應用於物件辨識任務中。在最初的研究工作中 [83-84]，深度學習方法僅將傳統物件辨識中的傳統視覺特徵改為基於影像分類模型的整體表示。這些方法的明顯問題是區域選擇階段的速度太慢，且無法實現點對點的訓練。為了解決這個問題，Faster-RCNN[85] 提出 RPN，其透過一個全卷積神經網路生成候選框，並將 NMS 放在網路中。該工作標誌著物件辨識方法徹底進入可點對點訓練的深度模型時代。

基於深度學習的物件辨識方法按照是否使用預先設定的錨框可以分為兩類：基於錨框的方法；和與錨框無關的方法。基於錨框的方法會在影像中採樣大量的區域，這些區域被稱作錨框，然後預測每個錨框裡是否含有關注的目標，最後針對包含目標的錨框，預測其到真實邊緣框的偏移；而與錨框無關的方法不使用預先設定的錨框，通常透過預測目標的中心或角點直接對目標進行檢測。

根據是否根據錨框生成候選框，基於錨框的方法又可以進一步分為兩階段方法和一階段方法。兩階段方法先使用錨框回歸候選目標框，劃分前景和背景，然後使用候選目標框進一步回歸和分類，其代表模型為 R-CNN 系列；而一階段方法直接對錨框回歸和分類出最終目標框的位置和類別，其代表模型為 YOLO 系列 [38,86]（不包括 YOLOv1[87], YOLOv1 是一階段方法，但是沒有預先設定錨框）。

表 4.1 舉出了基於深度學習的物件辨識 3 類方法的預測速度和預測精度對比。在這些方法中，基於錨框的兩階段方法最適合用於提取區域表示。首先，其預測精度最佳；其次，區域表示可以直接從兩階段模型的特定層獲取。而基於錨框的一階段方法的不同尺度區域是在不同的網路分支下，不同網路分支下的區域表示是不可比的，因此無法用模型的特定層代表區域表示。

▼ 表 4.1 基於深度學習的物件辨識 3 類方法的預測速度和預測精度對比

	基於錨框的一階段方法	基於錨框的兩階段方法	與錨框無關的方法
預測速度	快	稍慢	快
預測精度	優	更優	較優

4.2.2　區域表示

自底向上注意力（bottom-up attention,BUA）模型[66]是多模態學習中最常用的提取區域特徵的物件辨識模型。該模型選用在 ImageNet 資料集上預訓練的 ResNet-101 作為 Faster-RCNN 的骨架，然後在 VG 資料集的子集上訓練。該子集中圖片區域的類別數為 1600，物件辨識模型除了需要定位這 1600 類區域，還需要預測這些區域的在 400 種屬性上的分佈。

BUA 預測區域類別的方法和 Faster-RCNN 是完全一樣的，都是透過在其 pool5 層上新增一個分類和回歸的全連接層來預測區域類別和位置。為了使 Faster-RCNN 能夠進一步預測屬性，BUA 首先將 pool5 層的前 32 個通道特徵分離出來，然後將其與該區域的真實標籤表示拼接起來，預測該區域的屬性。這樣，pool5 層就可以當作區域表示，其同時隱含了區域的類別、位置和屬性資訊。圖 4.2 利用視覺化工具 Netscope[1] 展示了 BUA 模型訓練設定檔中對 Faster-RCNN 更改的部分。

BUA 提供了兩種影像表示方式：第一種方式稱作固定表示，即輸入任意影像，強制取出 36 個邊界框，得出大小為 36×2048 的表示矩陣；第二種方式稱作自我調整表示，即依據輸入影像大小不同、包含內容多少不同，自我調整地取出 K 個邊界框，得出形如 $K \times 2048$（$36 \leqslant K \leqslant 100$）的表示矩陣。BUA 的程式庫[2] 提供了已提取的 MS COCO 資料集中所有圖片的這兩種表示，也提供了具體的提取流程用於取出其他資料集的區域表示。

1　http://ethereon.github.io/netscope/quickstart.html
2　https://github.com/peteanderson80/bottom-up-attention

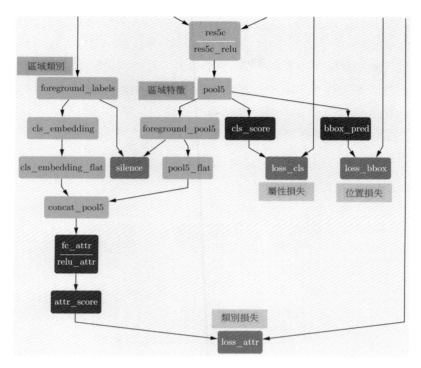

▲ 圖 4.2 BUA 模型訓練設定檔視覺化：對 Faster-RCNN 更改的部分

4.3 基於視覺 transformer 的整體表示 和區塊表示

視覺 transformer 是最近幾年新出現的建模影像的模型，在影像分類、物件辨識、影像分割、影像生成等多個電腦視覺任務上呈現出巨大潛力。因此，基於視覺 transformer 的影像表示也被廣泛應用於圖文多模態任務中。

4.3.1 使用自注意力代替卷積

在影像上應用 transformer 的核心變化就是使用自注意力層代替之前最常用的卷積層。形式上，單一卷積層透過大小為 $F \times F$ 的卷積核心，將大小為 $H_1 \times W_1 \times D_1$ 的輸入轉變為大小為 $H_2 \times W_2 \times D_2$ 的輸出。也可以將卷積層表示成如圖 4.3 所示的序列形式，即將大小為 $H_1 \times W_1 \times D_1$ 的輸入拆成 $H_2 \times W_2$ 塊，每塊大小為 $F \times F \times D_1$，輸出一共包含 $H_2 \times W_2$ 塊，每塊大小為 D_2 維，每個輸出神經元的值代表相應輸入中 $F \times F$ 區域類的特徵。從輸入和輸出的形式上看，卷積層將一組輸入向量轉換成另一組輸出向量。這裡，每一個輸出向量的值由其對應的單一輸入向量所決定，但是卷積層的實際感受野由區塊的大小決定。卷積神經網路透過不斷堆積卷積層獲取更大的感受野。

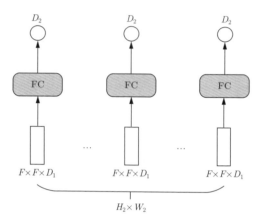

▲ 圖 4.3 卷積層的序列形式示意圖

3.3.1 節中介紹的自注意力層的輸入和輸出形式與卷積層是一樣的，輸入和輸出均為一組向量。因此，從形式上看，我們完全可以用自注意力代替卷積。而且，自注意力層中每一個輸出向量的值由全部的輸入向量所決定。因此，單一注意力層的感受野就是全域的，其實際感受野由歸一化注意力得分中大於 0 的項所決定。自注意力和卷積的關係可以概括為：卷積是一種帶有感受野的自注意力，而自注意力是帶有可學習的感受野的卷積 [88]。

4.3.2 視覺 transformer

圖 4.4 展示了首次完全拋棄卷積操作、僅利用 transformer 編碼器進行影像分類的模型 ViT[68] 的結構。下面從輸入到輸出對該模型進行具體介紹。

（1）將影像切割成大小相同的不重疊的區塊。假定影像被切割成 K 個區塊，每個區塊的形狀為 (F, F)，則影像可以表示為 K 個形狀為 $(F, F, 3)$ 的三維陣列。

（2）將所有區塊的形式都由三維陣列轉化為向量，獲得 K 個維度為 $F \times F \times 3$ 的向量，並使用線性映射層對每一個區塊的向量降維，得到影像區塊的維度較低的輸入編碼。這個過程可以使用標準的卷積層實現，只要將步幅和卷積核心設定成同樣大小即可。

（3）新增分類標記 <CLS> 以及位置編碼，得到 transformer 編碼器的輸入表示。這裡的位置是指影像區塊按照從影像左上角到右下角的位置編號，位置編碼使用的是可學習編碼。

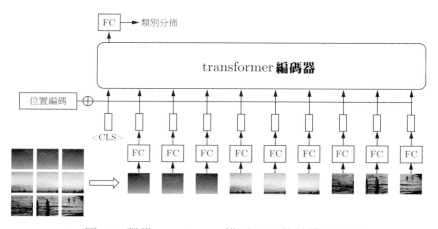

▲ 圖 4.4 視覺 transformer 模型 ViT 的結構示意圖

（4）使用 transformer 編碼器對輸入表示進行編碼，得到輸出向量表示。

（5）在分類標記 <CLS> 對應的輸出向量後加一個全連接層來預測影像的類別。

上述 ViT 模型將 transformer 用於影像分類任務，在多個影像辨識基準資料集上獲得了優越的性能。之後，為了使視覺 transformer 更進一步地適應圖像資料的特點，研究人員分別在影像區塊編碼 [89]、transformer 區塊中自注意力的形式 [90-92]、transformer 區塊中的全連接層 [93]、整體結構 [94] 以及訓練策略 [95-96] 等方面進行了探索和改進。

4.3.3 整體表示和區塊表示

在多模態學習中，一般將視覺 transformer 模型中分類識別字 <CLS> 對應的輸出表示作為影像的整體表示，每一個區塊對應的 transformer 輸出表示為區塊表示。基於視覺 transformer 的整體表示和區塊表示常用於多模態預訓練模型中，組成完全基於 transformer 架構的點對點多模態預訓練模型。

4.4 基於自編碼器的壓縮表示

在多模態資訊處理中，有一類任務涉及影像的生成。前 3 部分介紹的影像分類模型以及物件辨識模型都是依賴語言符號作為監督資訊訓練的，其所提取的表示都是高度抽象的語義資訊，無法完成影像生成任務。影像生成任務需要建模影像的分佈資訊。儘管有一些研究工作直接在像素層面建模影像的分佈資訊，但是面臨著維度過高的問題，很難生成高解析度影像。因此，研究者開始探索可重構輸入影像的壓縮表示，挖掘影像的隱變數，在一個較低維度空間上對影像分佈進行建模。

根據設定值的形式不同，壓縮表示可分為離散表示和連續表示。接下來，本節將介紹 3 個典型的壓縮表示學習模型：VQ-VAE、VQGAN 和 KLGAN。其中，VQ-VAE 和 VQGAN 使用量化編碼模組學習影像的離散表示，而 KLGAN 則使用 KL 散度項學習影像的連續表示。

4.4.1 量化自編碼器：VQ-VAE

VQ-VAE（vector quantised-variational autoencoder）[73] 是首個在大規模圖像資料集上完成訓練的量化自編碼器，並成功應用於影像生成任務。下面介紹 VQ-VAE 的模型結構和損失函式。

1. 模型結構

　　自編碼器可以被看作一個特殊的 3 層神經網路模型：輸入層、展現層和重構層。在自編碼器中，從輸入層到展現層的映射網路被稱為編碼器，而從展現層到重構層的映射網路被稱為解碼器。自編碼器訓練的最佳化目標是使重構層的輸出和編碼器的輸入盡可能接近。誤差函式是自編碼器的輸入和輸出之間差異的度量，也被稱為重構損失。兩個常用的誤差函式為平方誤差和交叉熵誤差函式。平方誤差適合任意形式的輸入；而交叉熵誤差函式只適合輸入向量的數值都在 0 ～ 1 的情況。自編碼器可以透過小量（mini batch）的隨機梯度下降演算法訓練，訓練效果可以依據重構誤差的大小評估。

　　我們很容易想到利用自編碼器學習離散表示的簡單想法，即先利用自編碼器學習連續表示，然後使用 k-means 等聚類方法對連續的中間展現層聚類得到離散表示。VQ-VAE 將這兩個分離的步驟合二為一，即中間展現層為離散值的自編碼器。

　　圖 4.5 展示了 VQ-VAE 模型結構，其可以被分解為 3 部分：編碼器 E、量化模組 Q 和解碼器 G。

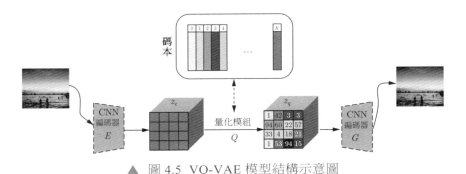

▲ 圖 4.5 VQ-VAE 模型結構示意圖

　　編碼器包含一系列轉換和下採樣卷積層，將輸入影像 $\boldsymbol{x} \in \mathbb{R}^{H \times W \times 3}$ 下採樣至目標大小的卷積特徵圖：

$$\boldsymbol{z}_e = E(\boldsymbol{x}) \in \mathbb{R}^{h \times w \times D} \tag{4.4.1}$$

量化模組首先維護一個嵌入層，該嵌入也被稱為碼本，其包含 K 個長度為 D 的向量。然後針對卷積特徵圖中的每個位置的特徵，透過在碼本裡搜尋最近鄰向量，將其映射為碼本中的 K 個向量之一。這樣，整個卷積特徵圖 z_e 就被映射為由碼本中的向量組成的特徵圖 $z_q \in \mathbb{R}^{h \times w \times D}$。這裡，$z_q$ 所有向量在碼本中的索引均為整數，因此，其對應一個整數矩陣，該矩陣即影像的離散表示。

解碼器包含一系列轉換和上採樣卷積層，將編碼 z_q 上採樣至輸入大小的影像：

$$\hat{x} = G(z_q) \in \mathbb{R}^{H \times W \times 3} \tag{4.4.2}$$

2. 損失函式

自編碼器的損失函式為重構損失，即

$$\mathcal{L}_{\text{recon}} = \| x - G(z_q) \|_2^2 \tag{4.4.3}$$

但是，在 VQ-VAE 中，z_q 的計算過程包含了沒有梯度的搜尋最近鄰的操作，如果採用上述損失函式，編碼器的參數將無法得到梯度，也就無法更新。因此，VQ-VAE 使用了一個被稱為直通梯度估計（straight through gradient estimator）的方法來更新編碼器參數，具體的重構損失如下：

$$\mathcal{L}_{\text{recon}} = \| x - G(z_e + \text{sg}[z_q - z_e]) \|_2^2 \tag{4.4.4}$$

其中，sg 是 stopgradient 的縮寫，表示該項不計算梯度，這並不影響前向傳播的計算結果。這樣，前向傳播計算損失時，$G(z_e + z_q - z_e) = G(z_q)$；反向傳播計算梯度時，實際只有 $G(z_e)$ 參與運算。最終，達到更新編碼器參數的目的。

除了重構損失，還需要建構損失函式來讓碼本和編碼器輸出 z_e 相互靠近。VQ-VAE 使用了兩個損失來達到這一目的：讓碼本靠近 z_e 的碼本損失（codebook loss）和讓 z_e 靠近碼本的承諾損失（commitment loss）。二者的具體形式如下。

$$\begin{cases} \mathcal{L}_{\text{codebook}} = \text{sg}[z_e] - z_q \\ \mathcal{L}_{\text{commitment}} = z_e - \text{sg}[z_q] \end{cases} \tag{4.4.5}$$

分解成這樣兩項的好處是，在整體損失中可以對二者使用不同的權重。最終，VQ-VAE 的整體損失為

$$\mathcal{L}_{\text{VQ-VAE}} = \mathcal{L}_{\text{recon}} + \beta\mathcal{L}_{\text{codebook}} + \gamma\mathcal{L}_{\text{commitment}} \tag{4.4.6}$$

其中，β 和 γ 是相應損失項的權重。

4.4.2 量化生成對抗網路：VQGAN

VQGAN（vector quantized GAN）是在 VQVAE 的基礎上，放鬆影像的重構約束，增加感知損失和生成對抗損失的改進模型。下面首先簡介生成對抗網路的基礎知識，然後介紹 VQGAN 的損失函式。

1. 生成對抗網路的基礎知識

生成對抗網路 (generative adversarial networks,GAN)[97] 是一種常用於影像生成等領域的生成模型。和絕大多數生成模型不同，GAN 不直接顯式地定義資料的機率分佈，而是使用神經網路將一個簡單分佈映射到資料分佈上，並使用另一個神經網路度量生成的資料分佈和真實資料分佈之間的距離。

如圖 4.6 所示，GAN 由一個生成器（generator）和一個判別器（discriminator）組成，其中生成器負責捕捉資料分佈並由隨機雜訊取樣產生樣本，而判別器負責判斷一個樣本來自生成器還是來自真實資料，其輸出是一個機率值，反映了樣本來自真實資料的機率。

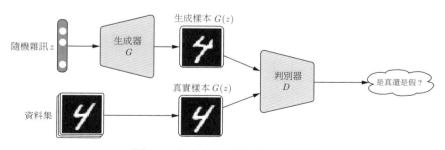

▲ 圖 4.6 生成對抗網路結構示意圖

生成器與判別器透過「對抗學習」訓練演算法訓練，生成器的目標是最大化判別器「犯錯誤」的機率，而判別器的目標則是儘量減小其犯錯的機率。形式上，GAN 的最佳化目標為

$$\min_G \max_D \mathbb{E}_{x \sim p_{\text{data}}}[\log D(x)] + \mathbb{E}_{z \sim p_z}[\log (1 - D(G(z)))] \tag{4.4.7}$$

在實際訓練過程中，GAN 中的生成器與判別器交替訓練，即在訓練生成器時固定判別器的參數，在更新判別器參數時固定生成器的參數。因此，式 (4.4.7) 常被拆解成生成器損失 L_G 和判別器損失 L_D 兩部分，分別用於兩個階段的訓練，即

$$\begin{cases} \mathcal{L}_G = -\mathbb{E}_{z \sim p_z}[\log(D(G(z)))] \\ \mathcal{L}_D = -\mathbb{E}_{z \sim p_{\text{data}}}[\log(D(x))] - \mathbb{E}_{z \sim p_z}[\log (1 - D(G(z)))] \end{cases} \tag{4.4.8}$$

在對抗學習的設定下，生成器與判別器模型組成了博弈論中的雙人 Minimax 遊戲，生成器和判別器不斷進化，最終達到納什均衡時，生成器可以偽造出逼真的樣本，而判別器無法區分偽造樣本和真實樣本，對於任意樣本，輸出的機率值均為 1/2。

上述 GAN 模型的生成器僅以隨機雜訊為輸入，即只能隨機地產生資料樣本。要使 GAN 按照使用者的要求生成樣本，需要新增條件資訊。加入條件輸入的 GAN 為條件式對抗生成網路（conditional GAN, cGAN）[98]，此時最佳化目標函式變為

$$\min_G \max_D \mathbb{E}_{(x,c) \sim p_{\text{data}}}[\log D(x,c)] + \mathbb{E}_{z \sim p_z, c \sim p_{\text{data}}}[\log (1 - D(G(z,c),c))] \tag{4.4.9}$$

生成器和判別器的結構沒有明顯限制，通常只需要二者可微。基於條件對抗生成網路的文字生成影像模型都使用 cGAN 作為影像生成模型，生成器的結構主要由上採樣卷積層組成；而判別器的結構則主要由卷積層組成。

2. VQGAN 的損失函式

VQGAN 的總損失分為 L_{VQ} 和 L_{GAN} 兩部分：L_{VQ} 和 VQ-VAE 的損失函式基本一致，但稍有變化；L_{GAN} 為判別器新引入的損失項。下面具體介紹。

L_{VQ} 的形式為

$$\mathcal{L}_{VQ} = \mathcal{L}_{recon} + \beta\mathcal{L}_{codebook} + \gamma\mathcal{L}_{commitment} \tag{4.4.10}$$

其中 $L_{codebook}$ 和 $L_{commitment}$ 的定義同 VQ-VAE。在 L_{recon} 部分加入了感知損失 LPIPS[99]。感知損失就是不從像素層次度量影像間的差別，而是從更抽象的層次「感知」影像間的差別。具體而言，感知損失通常首先利用預訓練的卷積神經網路提取影像的網格表示，然後計算真實影像網格表示和合成影像網格表示之間的距離。圖片之間差別越大，網格表示間的距離越遠，損失越大；反之，網格表示間的距離越近，損失越小。VQGAN 中，L_{recon} 的具體形式為

$$\mathcal{L}_{recon} = \|\boldsymbol{x}-\hat{\boldsymbol{x}}\|^2 + \alpha\ \mathcal{L}_{perceptual}(\boldsymbol{x}, \hat{\boldsymbol{x}}) \tag{4.4.11}$$

其中，$L_{perceptual}(\boldsymbol{x}, \hat{\boldsymbol{x}})$ 為包含預訓練模型的感知損失計算模組，α 為權重。

L_{GAN} 的一般形式為

$$\mathcal{L}_{GAN} = \log D(\boldsymbol{x}) + \log(1 - D(\hat{\boldsymbol{x}})) \tag{4.4.12}$$

實際訓練中 L_{GAN} 被拆解成生成器損失 L_G 和判別器損失 L_D 兩部分，採用生成對抗網路中常用的生成器與判別器交替訓練的模式。

需要注意的是，在 VQGAN 中訓練生成器部分時損失函式為 L_{VQ} 和生成器損失 L_G 之和，即 $L_{VQ} + L_G$，訓練判別器部分時損失函式為判別器損失 L_D。最終損失函式的形式為

$$\mathcal{L}_{VQGAN} = \mathcal{L}_{VQ} + \lambda\mathcal{L}_{GAN} \tag{4.4.13}$$

其中

$$\lambda = \frac{\nabla_{G_L}[\mathcal{L}_{recon}]}{\nabla_{G_L}[\mathcal{L}_{GAN}] + \delta} \tag{4.4.14}$$

$\nabla_{G_L}[\cdot]$ 表示其相應損失對生成器的最後一層參數的梯度值。δ 取固定值 10^{-6}，保證計算過程的數值穩定。λ 為自我調整權重，為了平衡 L_{recon} 和 L_{GAN} 對離散自編碼器參數的影響，須保證訓練過程平穩。

4.4.3 變分生成對抗網路：KLGAN

KLGAN（Kullback–Leibler GAN）將 VQGAN 中的量化模組去除，使用以下 KL 損失項 L_{KL} 替換 VQ 損失項 L_{VQ}。

$$\mathcal{L}_{KL} = \mathcal{L}_{recon} + D_{KL}(N(\mu(\boldsymbol{Z}_e), \Sigma(\boldsymbol{Z}_e)\|N(0, \boldsymbol{I}))) \tag{4.4.15}$$

這裡的 D_{KL} 使得影像表示盡可能逼近正態分佈，其和變分自編碼器[100]中的 KL 散度損失項是完全相同的。因此，和 VQ-VAE、VQGAN 不同，KLGAN 提取的影像表示不是離散值，而是連續值。

最終，KLGAN 的整體損失為

$$\mathcal{L}_{KLGAN} = \mathcal{L}_{KL} + \lambda \mathcal{L}_{GAN} \tag{4.4.16}$$

其中，L_{GAN} 和 VQGAN 中的式 (4.4.12) 相同。

需要說明的是，KLGAN 為 Stable Diffusion[78] 中的 KL-reg，VQGAN 為文獻 [78] 中的 VQ-reg。

4.4.4 壓縮表示

對於離散表示，DALL·E[72] 的程式庫 1 提供了利用其使用的 VQ-VAE 模型，並舉出了獲取影像離散表示 z_q 的程式實現。VQGAN 模型 [101] 在 VQ-VAE 模型的解碼影像上增加了影像區塊真假判別器，利用對抗學習提升解碼影像的真實度。實驗表明，VQGAN 模型取出的影像離散表示有更強的影像重構能力。因此，VQGAN 模型取代了 VQ-VAE 模型，被廣泛應用在之後的影像生成模型中。VQGAN 的程式庫 2 提供了若干已訓練的模型，供研究和開發人員使用。

對於 KLGAN 所學的連續表示，文字生成影像模型 Stable Diffusion 的程式庫 3 同時提供了若干已訓練的 VQGAN 和 KLGAN 模型，可以分別提取影像的離散壓縮表示和連續壓縮表示。

4.5 小結

　　本章簡要回顧了多模態深度學習中常用的影像表示的發展歷史和動機,詳細介紹了 4 類別圖像表示及其獲取方法。這些影像表示依賴不同的神經網路模型:網格表示依賴卷積神經網路;區域表示依賴物件辨識模型;區塊表示依賴視覺 transformer;壓縮表示依賴自編碼器。不同的表示方法支撐起不同的模型和應用。在之後的章節中,我們將頻繁地應用這些表示提取方法。

4.6 習題

1. 闡述基於卷積神經網路的網格表示和基於物件辨識模型的區域表示的優缺點。

2. 物件辨識模型一般僅預測區域的類別,但是自底向上注意力模型還預測了區域在屬性上的分佈,分析其動機。

3. 寫出自注意力和卷積操作的關係以及它們各自的使用場景。

4. 按照 4.1.3 節中利用 CNN 提取整數體表示和網格表示的程式範例,寫出利用視覺 transformer 模型提取整數體表示和區塊表示的程式。

5. 闡述離散壓縮表示和連續壓縮表示的優缺點。

6. 利用 VQGAN 的程式庫,以視覺化的方式對比 VQGAN 和 KLGAN 重構圖像的效果。

1　https://github.com/openai/DALL-E

2　https://github.com/CompVis/taming-transformers

3　https://github.com/CompVis/stable-diffusion

多模態表示

　　前面兩章分別介紹了常用的文字和影像的單模態表示。為了完成多模態資訊處理任務，需要在單模態表示的基礎上學習多模態表示。在開始介紹多模態表示之前，先簡單分析一下多模態資料的特點。一般來說不同模態的資料既包含公共部分，也包含各個模態特有的部分。如圖 5.1（a）所示的圖文多模態資料：一幅影像及其文字描述。顯然，「落日」和「大海」兩個概念既能在影像中看到，也出現在文字描述中，是影像和文字兩個模態的資料都包含的共同部分；而文字描述中的「長灘島」「iPhone8」「好心情」無法直接從影像中獲取，是文字模態特有的資訊；「人」和「帆船」只能在影像中看到，無法從文字中獲取，它們是影像模態特有的部分。圖 5.1（b）利用文氏圖對上述說明舉出一個基於集合的描述。左邊的圓代表影像資訊的集合，右邊的圓代表文字資訊的集合，二者的交叉部分即兩個模態資訊的公共部分。

長灘島、落日、大海、iPhone8、好心情

(a) 圖文多模態資料：影像和標籤

(b) 共用層策略

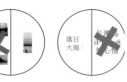

(c) 對應層策略

▲ 圖 5.1　多模態資料的特點以及多模態表示學習的兩種策略

　　針對多模態資料的這一特點，研究者主要採取兩種策略來學習多模態資料的表示。第一種策略是為多個模態的資料學習一個共用的表示，多個模態的資料融合得到共用展現層，我們將該策略學習到的多模態表示稱為**共用表示**（join trepresentation）。採用該策略的模型的目標是學習一個能夠和圖 5.1（b）中的文氏圖對應的展現層，即展現層既包含影像和文字特有的資訊，也包含公共部分資訊。

　　2011 年，若干基於深度自編碼器的多模態共用表示學習模型[102] 被提出，在視聽語音分類任務上獲得了當時的最佳性能，首次將深度學習方法成功用於多模態資訊處理任務。緊接著，2012 年，當時流行的兩個單模態表示學習模型，即深度信念網路和深度玻爾茲曼機，被擴展成多模態共用表示學習模型[103-104]，並在影像標注和圖文分類等任務中進行了評測。這些模型僅使用多模態對齊資料，以能夠無監督地學習通用而強大的多模態表示為目標，期望結合簡單的模型就可以完成多種任務。但是，由於各個模態均採用整體表示，且多模態表示融合方式過於簡單，最終無法獲得比為特定任務設計的模型更好的性能。

　　之後，大多數的多模態研究都轉變成為特定多模態任務設計深度學習模型。這些模型以有監督的方式學習針對特定任務的多模態表示，並不以學習到通用的多模態表示為目標。因此，多模態表示僅是這些模型的附屬品，更多的時候是扮演解釋模型的角色。但是，在這期間，多模態對齊、融合和轉換技術都獲得了巨大進展。加上預訓練語言模型的研究在自然語言處理領域的突破，2019 年開始，研究人員陸續提出多個多模態預訓練模型學習通用的多模態表示。這些模型大多利用 transformer 融合多個模態的資料，<CLS> 符號對應的輸出表示即可作為多模態共用表示。

第二種策略為每個模態資料單獨學習相應的表示，但是在不同模態的資料的表示空間中增加相似性約束以建立多模態資料間的對應連結，我們將該策略學習到的多模態表示稱為**對應表示**（coordinated representation）。採用該策略的模型的目標是學習一個能夠和圖 5.1（c）所示對應的展現層，即展現層只包含影像和文字資料的公共部分。

和共用表示學習模型一樣，早期的對應表示學習模型同樣是基於自編碼器和玻爾茲曼機的。比如基於自編碼器的 Corr-AEs[3]、MSAE[105]、DCCAE[106]、基於受限玻爾茲曼機的 Corr-RBMs[107]。由於可以直接將不同模態對應表示之間的距離視為多個模態資料的連結度，因此這些模型大多也直接用於跨模態檢索任務。

之後，基於排序損失的方法採用了更貼近跨模態檢索任務目標的損失函式，即透過引入不匹配的影像和文字作為負例，使得匹配的圖文資料對之間的相似度大於不匹配的圖文資料對之間的相似度，成為最主流的跨模態檢索方法。使用這種損失的模型有 MNLM[108]、GXN[109]、VSE++[110]。

而一些研究人員透過視覺化技術發現基於排序損失方法學習到的對應表示空間中的影像和文字是分離的，於是利用對抗學習的思想，提出基於對抗損失的方法。該類方法透過引入模態分類器使得圖文資料在對應表示空間中能夠充分融合，消除不同模態的差異。使用該損失的模型有 UCAL[111]、ACMR[112]。

上述對應表示學習模型都是針對跨模態檢索任務而建構的，所習得的表示並不具有通用性。2021 年，Radford 等提出基於排序損失的對應表示學習多模態預訓練模型 CLIP[70]，並在由 4 億筆圖文對組成的資料集上完成訓練，其所學影像模態對應表示在零樣本、小樣本和常規設定下的影像分類任務上都獲得了極其優異的性能。之後，CLIP 模型習得的對應表示廣泛應用於各種多模態模型中，比如用於文字視訊跨模態檢索任務的 Clip4clip[113]、影像描述任務的 ClipCap[114]、用於文字引導影像編輯任務的 Styleclip[115]、文字生成影像任務的 DALL·E[72] 和 unCLIP[116]。

4 多模態表示

本章將介紹這兩種多模態表示。需要說明的是，本章僅介紹早期的無監督的基於整體表示的多模態表示學習技術，多模態預訓練技術將在之後的章節單獨介紹。

5.1 共享表示

最直接的獲取共用表示的方法是簡單地拼接多個模態的表示，這樣就可以獲得多個模態資料的全部資訊。然而，拼接的共用表示沒有去除容錯資訊，表達效率低。為此，深度學習方法一般使用如圖 5.2 所示的網路結構學習共用表示，即先使用若干網路層對每個模態的輸入分別建模，獲取每個模態的抽象表示，然後使用一個網路層連接所有模態的抽象表示，獲得所有模態的共用表示。這樣的表示能夠較為充分地融合各個模態的資訊，表達較為緊湊。其可直接用於分類任務或作為下一個針對特定任務的神經網路模型的輸入，可以被點對點地訓練。

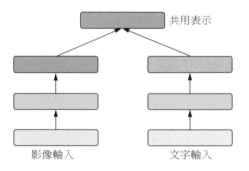

▲ 圖 5.2 共用表示網路結構示意圖

下面將介紹兩類經典的共用表示學習模型：多模態深度自編碼器和多模態深度生成模型。

5.1.1 多模態深度自編碼器

如圖 5.3 所示，多模態深度自編碼器 (multimodal deep autoencoder, MDAE) [102] 的輸入和輸出均包含兩個模態的資料。MDAE 的訓練需要重新建構訓練資料。除了對齊的影像文字訓練資料，還需要增加兩組訓練資料：一組是僅有影像輸入，文字輸入全部置 0；另一組是僅有文字輸入，影像輸入全部置 0。但是，這兩組資料也需要多模態自編碼器重構圖像和文字兩個模態的資料。這樣，三分之一的訓練資料登錄僅包含圖像資料，三分之一的訓練資料登錄僅包含文字資料，另外三分之一的訓練資料登錄包含對齊的影像和文字資料。這裡參考了去噪自編碼器的思想，即要求從損壞的輸入中重構完整輸入，以學習更加堅固的表示。

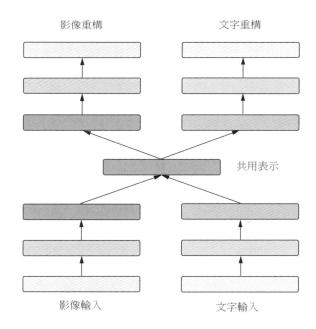

▲ 圖 5.3　多模態深度自編碼器模型結構示意圖

在訓練階段，該模型可以可選地使用受限玻爾茲曼機（稍後介紹）或自編碼器對每個層次進行預訓練，再使用標準的反向傳播演算法訓練。訓練完成後，兩個模態的資料就可以被多模態自編碼器的編碼模組映射到一個共用層中。

5.1.2 多模態深度生成模型

多模態深度信念網路[103]和多模態深度玻爾茲曼機[104]是兩個典型的學習圖文共用表示的多模態深度生成模型。二者都是以受限玻爾茲曼機為基礎建構。為此，首先介紹受限玻爾茲曼機的結構、最佳化演算法和評估方法，然後介紹以受限玻爾茲曼機為基礎建構的兩個單模態深度生成模型（深度信念網路和深度玻爾茲曼機），最後介紹相應的多模態生成模型。

1. 受限玻爾茲曼機

受限玻爾茲曼機 (restricted Boltzmann machine, RBM)[117] 是一個基於能量的模型 (energy based model, EBM)，它是玻爾茲曼機 (Boltzmann machine, BM)[118] 的一種特殊形式。

如圖 5.4 所示，RBM 是一個兩層的機率無向圖模型，它由一個輸入層和一個展現層組成。與 BM 中所有節點之間都有連接不同，RBM 的輸入層內、展現層內的節點之間不存在連接，輸入層和展現層的節點之間全連接。這裡用 v 代表輸入層，用 h 代表展現層，如果 RBM 的輸入層和展現層都是二值隨機變數，即 $\forall i, j, v_i \in \{0,1\}, h_j \in \{0,1\}$，則它被稱為伯努利 RBM。該模型的輸入層和展現層的聯合機率分佈 $p(\boldsymbol{v}, \boldsymbol{h})$ 和輸入層的機率分佈 $p(\boldsymbol{v})$ 分別被定義為

$$
\begin{aligned}
p(\boldsymbol{v}, \boldsymbol{h}) &= \frac{\exp(-E(\boldsymbol{v}, \boldsymbol{h}))}{Z} \\
p(\boldsymbol{v}) &= \frac{\sum_{\boldsymbol{h}} \exp(-E(\boldsymbol{v}, \boldsymbol{h}))}{Z}
\end{aligned}
\tag{5.1.1}
$$

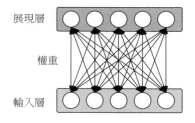

展現層

權重

輸入層

▲ 圖 5.4 受限玻爾茲曼機模型結構示意圖

其中，$Z = \sum_v \sum_h \exp(-E(\boldsymbol{v}, \boldsymbol{h}))$，是機率歸一化因數，也稱為配分函式 (partition function)，E 是能量函式，如果輸入層單元和展現層單元是二值隨機變數，則能量函式定義為

$$E(\boldsymbol{v}, \boldsymbol{h}) = -\sum_{i,j} v_i W_{ij} h_j - \sum_i c_i v_i - \sum_j b_j h_j \tag{5.1.2}$$

其中，v_i 是輸入層的第 i 個節點的值，h_j 是展現層的第 j 個節點的值，W_{ij} 代表它們之間的權重，c_i 是輸入層的第 i 個節點的偏置，b_j 是展現層的第 j 個節點的偏置。由機率分佈和能量函式的定義，容易推得以下條件機率：

$$\begin{aligned}
p(h_j = 1|\boldsymbol{v}) &= \frac{\exp(-E(\boldsymbol{v}, h_j = 1))}{\exp(-E(\boldsymbol{v}, h_j = 1)) + \exp(-E(\boldsymbol{v}, h_j = 0))} \\
&= \frac{\exp(\sum_i W_{ij} v_i + \sum_i c_i v_i + b_j)}{\exp(\sum_i W_{ij} v_i + \sum_i c_i v_i + b_j) + \exp(\sum_i c_i v_i)} \\
&= \frac{\exp(b_j + \sum_i W_{ij} v_i)}{1 + \exp(b_j + \sum_i W_{ij} v_i)} \\
&= s\left(b_j + \sum_i W_{ij} v_i\right) \\
p(v_i = 1|\boldsymbol{h}) &= \frac{\exp(-E(v_i = 1, \boldsymbol{h}))}{\exp(-E(v_i = 1, \boldsymbol{h})) + \exp(-E(v_i = 0, \boldsymbol{h}))} \\
&= \frac{\exp(\sum_j W_{ij} h_j + \sum_j b_j h_j + c_i)}{\exp(\sum_j W_{ij} h_j + \sum_j b_j h_j + c_i) + \exp(\sum_j b_j h_j)} \\
&= \frac{\exp(c_i + \sum_j W_{ij} h_j)}{1 + \exp(c_i + \sum_j W_{ij} h_j)} = s\left(c_i + \sum_j W_{ij} h_j\right)
\end{aligned} \tag{5.1.3}$$

其中，$s(x) = \dfrac{1}{1 + e^{-x}}$，，為 Logistic 函式。

為了求解 RBM 的參數 $\boldsymbol{W}$、$\boldsymbol{b}$、$\boldsymbol{c}$，記作 θ，研究者提出了很多高效的最佳化演算法，這裡僅介紹其中最常用的對比散度 (contrastive divergence, CD)[119] 演算法。

RBM 的訓練目標是最大化訓練集上的對數似然，即最大化 $\log p(\boldsymbol{v})$。對 $p(\boldsymbol{v})$ 的對數，求關於參數 θ 的偏導數，可以得到

$$
\begin{aligned}
\frac{\partial \log p(\boldsymbol{v})}{\partial \theta} &= \frac{\partial \log \sum_{\boldsymbol{h}} \exp(-E(\boldsymbol{v},\boldsymbol{h})) - \log(\boldsymbol{Z})}{\partial \theta} \\
&= \frac{1}{\sum_{\boldsymbol{h}} \exp(-E(\boldsymbol{v},\boldsymbol{h}))} \cdot -\exp(-E(\boldsymbol{v},\boldsymbol{h})) \cdot \frac{\partial E(\boldsymbol{v},\boldsymbol{h})}{\partial \theta} \\
&\quad - \frac{1}{\boldsymbol{Z}} \cdot -\exp(-E(\boldsymbol{v},\boldsymbol{h})) \cdot \frac{\partial E(\boldsymbol{v},\boldsymbol{h})}{\partial \theta} \\
\\
&= -\frac{\exp(-E(\boldsymbol{v},\boldsymbol{h}))}{\sum_{\boldsymbol{h}} \exp(-E(\boldsymbol{v},\boldsymbol{h}))} \frac{\partial E(\boldsymbol{v},\boldsymbol{h})}{\partial \theta} + \frac{\exp(-E(\boldsymbol{v},\boldsymbol{h}))}{\boldsymbol{Z}} \frac{\partial E(\boldsymbol{v},\boldsymbol{h})}{\partial \theta} \\
&= -<\frac{\partial E(\boldsymbol{v},\boldsymbol{h})}{\partial \theta}>_{p(\boldsymbol{h}|\boldsymbol{v})} + <\frac{\partial E(\boldsymbol{v},\boldsymbol{h})}{\partial \theta}>_{p(\boldsymbol{v},\boldsymbol{h})}
\end{aligned} \tag{5.1.4}
$$

其中，$<\cdot>$ 為期望運算元，下標表示相應的機率分佈。第一項 $p(\boldsymbol{h}|\boldsymbol{v})$ 代表在輸入資料條件下展現層的機率分佈，比較容易計算，而第二項 $p(\boldsymbol{v},\boldsymbol{h})$ 由於歸一化因數 $\boldsymbol{Z}$ 的存在，無法有效地計算該分佈。因此，只能透過採樣演算法獲取近似值。

由式 (5.1.2)、式 (5.1.3) 和式 (5.1.4) 可以得到以下的參數 W、b、c 的梯度計算公式：

$$
\begin{aligned}
\frac{\partial \log p(\boldsymbol{v})}{\partial W_{ij}} &= p(h_j = 1|\boldsymbol{v})v_i - \sum_{\boldsymbol{v}} p(\boldsymbol{v})p(h_j = 1|\boldsymbol{v})v_i \\
\frac{\partial \log p(\boldsymbol{v})}{\partial c_i} &= v_i - \sum_{\boldsymbol{v}} p(\boldsymbol{v})v_i \\
\frac{\partial \log p(\boldsymbol{v})}{\partial b_j} &= p(h_j = 1|\boldsymbol{v}) - \sum_{\boldsymbol{v}} p(\boldsymbol{v})p(h_j = 1|\boldsymbol{v})
\end{aligned} \tag{5.1.5}
$$

RBM 的對稱結構和其中神經元節點狀態的條件獨立性，使得 CD 演算法可以透過若干步吉布斯 (Gibbs) 採樣 [120-121] 計算第二項的期望。抽樣 k 步的具體過程如下。

$$
\boldsymbol{v}^0 \xrightarrow{p(\boldsymbol{h}|\boldsymbol{v}^0)} \boldsymbol{h}^0 \xrightarrow{p(\boldsymbol{v}|\boldsymbol{h}^0)} \boldsymbol{v}^1 \xrightarrow{p(\boldsymbol{h}|\boldsymbol{v}^1)} \boldsymbol{h}^1 \cdots \boldsymbol{h}^{k-1} \xrightarrow{p(\boldsymbol{v}|\boldsymbol{h}^{k-1})} \boldsymbol{v}^k \xrightarrow{p(\boldsymbol{h}|\boldsymbol{v}^k)} \boldsymbol{h}^k \tag{5.1.6}
$$

k 步抽樣的 CD 演算法被稱為 CD-k 演算法。完成 k 步抽樣之後，就可以近似計算模型參數的梯度，具體如下。

$$\delta W_{ij} = v_i^0 h_j^0 - v_i^k h_j^k$$
$$\delta c_i = v_i^0 - v_i^k \qquad (5.1.7)$$
$$\delta b_j = h_j^0 - h_j^k$$

有了參數的梯度，就可以使用梯度上升方法更新 RBM 的參數。儘管 CD-k 演算法對梯度的近似十分粗略，也被證明並不是任何函式的梯度，但是諸多實驗表明了其在訓練 RBM 時的有效性。

計算 RBM 在訓練資料上的似然是其訓練效果的評估最直接的方法。然而，由於其計算涉及歸一化因數，計算複雜度非常高，因此，通常只能採用近似方法評估 RBM 的訓練品質。舉例來說，退火式重要性抽樣 (annealed importance sampling, AIS) 演算法 [122] 透過引入容易計算的輔助分佈近似計算歸一化因數。儘管該方法能夠較準確地計算資料似然，但是其較大的計算量還是不能極佳地滿足監視 RBM 訓練品質的速度需求。在實踐中，最常用的評估方法為重構輸入誤差，和自編器的評估類似。具體而言，即計算輸入資料 v^0 和 k 步抽樣後的輸入資料 v^k 之間的差異值。儘管這一方法並不可靠，但是其因計算簡單而在實踐中被廣泛採用。本文也依據重構誤差的大小，來確定 RBM 的訓練品質。

2. 建模實數值

上文介紹的基本 RBM 只能建模二值隨機變數輸入，面對其他形式的輸入，如實數值、離散值等，基本的 RBM 將不再適用。大量研究者透過改變能量函式擴展標準 RBM，使其能夠建模各種各樣的資料分佈。對於實數值，一種最直接的方法是使用高斯分佈建模輸入層，這種 RBM 因此被稱為高斯 RBM(Gaussian RBM, GRBM)[123-124]。該模型的能量函式定義為

$$E(\boldsymbol{v}, \boldsymbol{h}) = \frac{1}{2} \sum_i \frac{(v_i - c_i)^2}{2\sigma_i^2} - \sum_{i,j} \frac{v_i}{\sigma_i} W_{i,j} h_j - \sum_i c_i v_i - \sum_j b_j h_j \qquad (5.1.8)$$

其中，σ_i 為輸入資料第 i 維的標準差，其他參數和基本 RBM 公式中的參數含義相同。相對應的機率分佈如下。

$$p(h_j = 1|\boldsymbol{v}) = s(b_j + \sum_i \frac{v_i}{\sigma_i} W_{ij})$$
$$p(v_i = 1|\boldsymbol{h}) = \mathcal{N}(c_i + \sigma_i \sum_j W_{ij} h_j, \sigma_i^2)$$

$$(5.1.9)$$

其中，N 代表高斯分佈。在實際應用中，通常將輸入資料特徵表示的每一維都歸一化成平均值為 0、方差為 1 的形式。GRBM 的模型參數求解同樣採用 CD 演算法。

3. 建模離散值

當輸入形式為稀疏的離散值時，通常使用神經主題模型 replicated SoftMax RBM (RSRBM)[125]。該模型的能量函式定義為

$$E(\boldsymbol{v}, \boldsymbol{h}) = -\sum_{i,j} \frac{v_i}{\sigma_i} W_{i,j} h_j - \sum_i c_i v_i - D \sum_j b_j h_j$$

$$(5.1.10)$$

其中，D 是輸入層離散值之和，對一篇文件而言，就是文件中的總詞數。模型 RSRBM 的參數也採用 CD 演算法求解。RSRBM 的輸入層可以看作一個多項式隨機變數。本文使用 RSRBM 建模文字模態的詞袋特徵。

4. 深度信念網路和深度玻爾茲曼機

深度信念網路 (deep belief networks, DBN)[126] 和深度玻爾茲曼機 (deep Boltzmann machine, DBM)[127] 是兩個典型的基於 RBM 的深度生成模型。

DBN 是 Hinton 等提出的包含多個展現層的機率生成模型，它的結構如圖 5.5 （a）所示，最底部是輸入層，其餘部分包含 n 個展現層，實線部分代表網路的連接結構，虛線部分是得到輸入的多層表示的過程。DBN 是一個混合的網路結構，最上面兩層是一個無向圖結構的 RBM，其餘層從上往下是有方向圖結構的網路。因此，DBN 的所有層次的聯合機率分佈可表示為

$$p(\boldsymbol{x}, \boldsymbol{h}_1, \boldsymbol{h}_2, \cdots, \boldsymbol{h}_{n-1}, \boldsymbol{h}_n) = p(\boldsymbol{h}_n, \boldsymbol{h}_{n-1}) \left(\prod_{k=0}^{n-2} p(\boldsymbol{h}_k | \boldsymbol{h}_{k+1}) \right) \qquad (5.1.11)$$

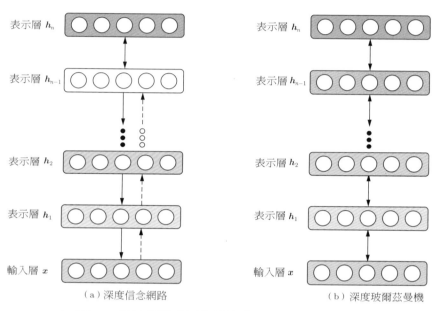

▲ 圖 5.5 基於受限玻爾茲曼機的深層模型結構示意圖

　　其中，$\boldsymbol{x} = \boldsymbol{h}_0$，$p(\boldsymbol{h}_n, \boldsymbol{h}_{n-1})$ 是最上面的 RBM 中變數的聯合機率分佈，$p(\boldsymbol{h}_k | \boldsymbol{h}_{k+1})$ 是其他 RBM 的展現層到輸入層（這裡把 $\boldsymbol{h}_{k+1}$ 看作展現層，把 $\boldsymbol{h}_k$ 看作輸入層）的條件概率分佈。DBN 的生成過程是一個自頂向下的過程：首先，隨機初始化最頂部的 RBM 的展現層 $\boldsymbol{h}_n$；然後利用吉布斯採樣進行多次採樣，得到 $\boldsymbol{h}_{n-1}$；最後，依次利用條件機率分佈 $p(\boldsymbol{h}_{n-2} | \boldsymbol{h}_{n-1}), \cdots, p(\boldsymbol{x} | \boldsymbol{h}_1)$ 採樣得到輸入 $\boldsymbol{x}$。

　　由於無法有效地計算後驗機率分佈 $p(\boldsymbol{h}_{k+1} | \boldsymbol{h}_k)$，DBN 的訓練是非常困難的。為了高效地訓練 DBN，Hinton 等提出一種貪婪的逐層學習演算法 [126,128]。該演算法的核心思想是利用 RBM 中的輸入層到展現層的條件機率分佈近似後驗機率分佈。具體的學習演算法為：首先，使用 CD 演算法訓練最底部的 RBM；然後利用條件機率分佈 $p(\boldsymbol{h}_1 | \boldsymbol{x})$ 得到表示 $\boldsymbol{h}_1$；接著利用類似的方法，依次完成所有層次 RBM 的訓練；最後選擇性使用 wake-sleep 演算法 [126,129] 微調整個網路的權值。

DBM 透過直接堆疊式堆疊多個 RBM 得到，它的結構如圖 5.5（b）所示，所有層次之間都是無向連接，因此，DBM 是一個標準的無向圖模型。與 DBN 類似，DBM 也具有學習不同層次的複雜表示的能力。但是，在生成和訓練過程中，DBM 包含了自頂向下和自底向上兩個通道，而 DBN 僅包含自頂向下通道，因此，DBM 學習表達的能力要強於 DBN，相應的高效的訓練演算法也就更加複雜。為了有效地學習 DBM 的參數，研究者提出大量優秀的訓練演算法 [125,127,130-131]，感興趣的讀者可以自行查閱這些文獻。

5. 多模態深度信念網路和多模態深度玻爾茲曼機

多模態深度信念網路（multimodal deep belief networks, MDBN）和多模態深度玻爾茲曼機（multimodal deep Boltzmann machine, MDBM）分別由 DBN 和 DBM 擴展而來，二者的結構如圖 5.6 所示。和 MDAE 不同，MDBN 和 MDBM 均為機率生成模型，訓練目標為最大化影像和文字模態資料的聯合機率分佈。模型的訓練方法與單模態的 DBN 和 DBM 相似，均包含了單層 RBM 預訓練和整體調權兩個過程。

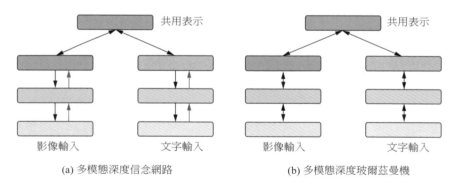

(a) 多模態深度信念網路　　　　　　　(b) 多模態深度玻爾茲曼機

▲ 圖 5.6 基於受限玻爾茲曼機的深層模型結構示意圖

相比於 MDAE，多模態深度生成模型的優勢是可以很自然地基於一個模態的輸入資料，採樣另一個模態的資料。這樣不僅可以直接完成跨模態生成任務，也能方便地處理多模態輸入缺失某個模態資料的情形，即先採樣出缺失模態的資料，再取出共用表示。

5.2 對應表示

　　如圖 5.7 所示，對應表示學習方法使用兩個獨立的編碼器分別學習影像和文字的表示，並在對應表示空間中增加圖文相似性連結約束以建立圖文連結。對應表示學習方法按照最佳化目標的不同可分為 3 類：基於重構損失的方法、基於排序損失的方法和基於對抗損失的方法。下面介紹使用這 3 類方法的基本模型，主要介紹模型的結構和損失函式的具體形式。

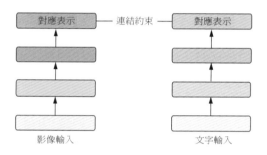

▲ 圖 5.7 對應表示網路結構示意圖

　　為了方便描述，首先規定一些符號。

　　資料集：設訓練資料為 n 組匹配的影像文字對組成的集合 $\{(x_i^I, x_i^T) | i = 1, 2, \cdots, n\}$，文字 x_i^T 是影像 x_i^I 的描述。為了更加簡潔地描述，我們之後忽略資料索引下標 i，損失函數都僅針對資料集中的單一影像文字對。

　　模型輸入：本小節介紹的對應表示學習模型的輸入都是影像和文字的整體表示，分別記作 x^I 和 x^T。

　　圖文編碼器：設影像和文字編碼器分別為 $f(x^I; W_f)$ 和 $g(x^T; W_g)$，W 是編碼器的權值和展現層的偏置，下標 f 和 g 分別代表影像和文字模態。

5.2.1 基於重構損失的方法

　　基於重構損失的方法利用解碼結構使得對應表示空間中的表示能夠重構圖像和文字輸入，以確保表示具備區分性。使用該方法的模型大多使用自編碼器作為基礎結構。如圖 5.8 所示，模型由兩個單模態自編碼器組成：影像自編碼器和文字自編碼器。每個自編碼器負責其相應模態的表示學習。兩個自編碼器透過展現層引入一個相似性約束組成一個整體模型。相似性約束和兩個單模態自編碼器本身的重構約束使得模型學習到的表示滿足兩筆規則：① 匹配的影像和文字輸入在對應表示空間中距離相近；② 相似的單模態輸入在對應表示空間中距離相近。

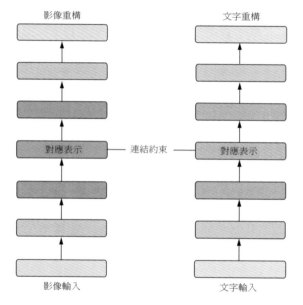

影像重構　　　　　　文字重構

對應表示　—— 連結約束 ——　對應表示

影像輸入　　　　　　文字輸入

▲ 圖 5.8 基於自編碼器的對應表示模型網路結構示意圖

　　設 $\hat{x}^I$ 和 $\hat{x}^T$ 分別為影像和文字表示經過各自解碼器後的輸出，即重構層的表示。影像和文字解碼器分別記作 h 和 s，對應的參數分別記作 W_h 和 W_s，則模型關於輸入 x^I、x^T 的損失函式為

$$\mathcal{L}(\boldsymbol{x}^I, \boldsymbol{x}^T) = \alpha\mathcal{L}_C(\boldsymbol{x}^I, \boldsymbol{x}^T; W_f, W_g) + (1-\alpha)(\mathcal{L}_I(\boldsymbol{x}^I; W_f, W_h) + \mathcal{L}_T(\boldsymbol{x}^T; W_g, W_s)) \quad (5.2.1)$$

其中，

$$\mathcal{L}_C(\boldsymbol{x}^I, \boldsymbol{x}^T; W_f, W_g) = ||f(\boldsymbol{x}^I; W_f) - g(\boldsymbol{x}^T; W_g)||_2^2$$
$$\mathcal{L}_I(\boldsymbol{x}^I; W_f, W_h) = ||\boldsymbol{x}^I - \hat{\boldsymbol{x}}^I||_2^2 \quad (5.2.2)$$
$$\mathcal{L}_T(\boldsymbol{x}^T; W_g, W_s) = ||\boldsymbol{x}^T - \hat{\boldsymbol{x}}^T||_2^2$$

L_I 和 L_T 分別為影像和文字自編碼器的損失函式，這裡採用的是重構層與輸入的平方誤差；L_C 為影像和文字中間層表示的距離，這裡稱之為影像和文字模態展現層間的連結誤差。

模型以式 (5.2.1) 為最佳化目標，即最小化不同模態展現層連結誤差和兩個單模態自編碼器的重構誤差之和。

最佳化目標中還有一個參數 α ($0 < \alpha < 1$)，它是一個平衡參數，目的是平衡兩組損失：不同模態資料之間的連結損失 L_C 和影像文字的重構損失 $L_I + L_T$。一個合適的 α 設定值對於模型的有效性至關重要。如果 α 等於 0，損失函式將退化成兩個自編碼器的損失函式之和。影像和文字自編碼器各自獨立訓練，模型也就無法學習到不同模態資料之間的連結。而當 α 等於 1，模型的損失函式退化成連結損失。此時，模型有一個顯而易見的解 $W_f = 0 = W_g$，展現層偏置也全為 0。這組解會導致各個模態、所有輸入的中間表示均相同。也就是說，當模型只學習不同模態之間的連結，而完全忽略資料重建要求，單模態資料本身都無法區分，模型也就學習不到任何有效的表示。

模型參數的學習可以使用多層前饋神經網路通用的訓練演算法：反向傳播演算法。由式 (5.2.1) 易求得模型參數 W_f 和 W_g 的梯度計算公式：

$$\frac{\partial\mathcal{L}}{\partial W_f} = \alpha\frac{\partial\mathcal{L}_C}{\partial W_f} + (1-\alpha)\frac{\partial\mathcal{L}_I}{\partial W_f}$$
$$\quad (5.2.3)$$
$$\frac{\partial\mathcal{L}}{\partial W_g} = \alpha\frac{\partial\mathcal{L}_C}{\partial W_g} + (1-\alpha)\frac{\partial\mathcal{L}_T}{\partial W_g}$$

5.2.2 基於排序損失的方法

　　基於排序損失的方法透過引入不匹配的影像和文字作為負例，使得匹配的圖文資料對之間的相似度大於不匹配的圖文資料對之間的相似度。餘弦相似度是基於排序損失的方法最常用的圖文相似度度量。這裡定義影像和文字在對應表示空間中的相似度為

$$s(\boldsymbol{x}^I, \boldsymbol{x}^T) = \text{cosine}(f(\boldsymbol{x}^I; W_f), g(\boldsymbol{x}^T; W_g)) \tag{5.2.4}$$

　　常用的多模態排序損失有兩種：多模態 triplet 排序損失和多模態 n-pair 排序損失。下面分別介紹。

　　如圖 5.9 所示，**多模態 triplet 排序損失**透過建構三元組實現匹配的圖文對比不匹配的圖文對更相似的目標。其一般形式為

$$\begin{aligned}
\mathcal{L}_{\text{triplet}}(\boldsymbol{x}^I, \boldsymbol{x}^T) = &\sum_{T-}[m - s(\boldsymbol{x}^I, \boldsymbol{x}^T) + s(\boldsymbol{x}^I, \boldsymbol{x}^{T-})]_+ \\
&+ \sum_{I-}[m - s(\boldsymbol{x}^I, \boldsymbol{x}^T) + s(\boldsymbol{x}^{I-}, \boldsymbol{x}^T)]_+
\end{aligned} \tag{5.2.5}$$

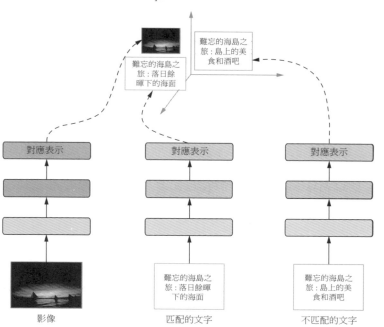

▲ 圖 5.9 基於多模態 triplet 排序損失的對應表示模型網路結構示意圖

其中，間隔 m 是超參數，$[x]_+ \equiv \max(x, 0)$。該損失包含兩個對稱項：第一項的輸入三元組為 < 影像 $\boldsymbol{x}^I$、匹配的文字 $\boldsymbol{x}^T$、不匹配的文字 $\boldsymbol{x}^{T-}$ >，它期望影像和與其匹配的文字之間的相似度比該影像和所有不匹配的文字之間的相似度大於 m；第二項的輸入三元組為 < 文字 $\boldsymbol{x}^T$、匹配的影像 $\boldsymbol{x}^I$、不匹配的影像 $\boldsymbol{x}^{I-}$ >，它期望文字和與其匹配的影像之間的相似度比該文字所有與其不匹配的影像之間的相似度也大於 m。這裡，整個訓練集中所有不匹配的圖文對都需要參與運算，總的三元組數量為 $2N^2$。具體在訓練過程中，為了計算效率，我們僅會計算小量梯度下降演算法中的同一個批次內的不匹配圖文對，這樣，設批大小為 bs，則總的三元組數量就變為 $2\dfrac{N}{bs} * bs^2 = 2N * bs$，對於規模較大的資料集，計算複雜度顯著降低。

實際中使用的一般是困難樣本挖掘 (hard example mining, HEM) 的多模態 triplet 排序損失，即在計算損失時，只考慮最容易混淆的負樣本，其具體形式為

$$\mathcal{L}_{\text{triplet-HEM}}(\boldsymbol{x}^I, \boldsymbol{x}^T) = \max_{T-}[m - s(\boldsymbol{x}^I, \boldsymbol{x}^T) + s(\boldsymbol{x}^I, \boldsymbol{x}^{T-})]_+ + $$
$$\max_{I-}[m - s(\boldsymbol{x}^I, \boldsymbol{x}^T) + s(\boldsymbol{x}^{I-}, \boldsymbol{x}^T)]_+ \tag{5.2.6}$$

和式 (5.2.5) 類似，困難樣本挖掘的多模態 triplet 損失同樣包含兩個對稱項，但是每一項中，並不是對所有三元組損失求和，而是選取最大的三元組損失。也就是說，L_{HEM} 考慮的是「最困難」的不匹配樣本，或說最容易混淆的不匹配樣本。一般而言，困難樣本挖掘的多模態 triplet 排序損失的性能更優。

上述多模態 triplet 排序損失以三元組的形式對比了所有的正負樣本對，但是每次對比僅考慮一個負樣本對。**多模態 n-pair 排序損失**同樣也對比了所有正負樣本對，但是每次對比同時考慮了所有和正樣本對相關的負樣本對。具體來說，使用多模態 n-pair 排序損失的方法首先列舉所有的正負樣本對，形成如圖 5.10 所示的矩陣（以 3 筆圖文對為例）：對角線上的元素對為正樣本對，其他元素為負樣本對；然後將每一行或每一列都看作一個分類問題，類別為正樣本對的索引；最後對矩陣的每一行和每一列求交叉熵損失即可。對於每一個正樣本對，該損失的具體形式為

$$\mathcal{L}_{n-\mathrm{pair}}(\boldsymbol{x}^I, \boldsymbol{x}^T) = -\log \frac{\exp(s(\boldsymbol{x}^I, \boldsymbol{x}^T))}{\exp(s(\boldsymbol{x}^I, \boldsymbol{x}^T)) + \sum_{T_-} \exp(s(\boldsymbol{x}^I, \boldsymbol{x}^{T-}))} -$$

$$\log \frac{\exp(s(\boldsymbol{x}^I, \boldsymbol{x}^T))}{\exp(s(\boldsymbol{x}^I, \boldsymbol{x}^T)) + \sum_{I_-} \exp(s(\boldsymbol{x}^{I-}, \boldsymbol{x}^T))} \tag{5.2.7}$$

和多模態 triplet 排序損失一樣，為了計算效率，多模態 n-pair 排序損失同樣僅考慮小量梯度下降演算法中的同一批次內的負樣本對。

▲ 圖 5.10 多模態 n-pair 排序損失正負樣本構造示意圖

5.2.3 基於對抗損失的方法

基於對抗損失的方法利用對抗學習的思想，引入模態分類器使得圖文對應表示空間能夠充分融合，消除不同模態的差異。如圖 5.11 所示，除了常規的圖文編碼器，使用對抗損失的模型的特點是其在對應表示上增加了一個模態判別器，其輸入為影像或文字在對應空間中的表示，輸出為該表示屬於兩個模態的機率。

模型的損失函式包括兩部分：圖文連結損失 L_C 和模態判別器損失 L_D。L_C 通常為影像和文字的對應表示的 l_2 距離；L_D 是二分類的交叉熵損失。我們將模態判別器 D 的全部參數記作 W_D，則整體損失函式為

$$\mathcal{L}(W_f, W_g, W_D) = L_C - L_D \tag{5.2.8}$$

和生成對抗網路一樣，訓練過程分為生成階段和判別階段。在生成階段，將圖文表示映射到公共表示空間，使得模態判別器無法判斷公共表示屬於哪個模態，即最小化 L，更新 W_f、W_g。在判別階段，使得模態判別器盡可能準確地區分公共表示的模態，即最大化 L，更新 W_D。

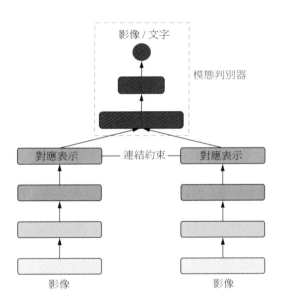

▲ 圖 5.11 基於對抗損失的對應表示模型網路結構示意圖

5.3 實戰案例：基於對應表示的跨模態檢索

5.3.1 跨模態檢索技術簡介

跨模態檢索的關鍵就是建立不同模態資料之間的連結，更直接地，模型需要能夠輸出多個模態資料的匹配分數。如圖 5.12 所示，現有的方法可以分為兩類：一是學習圖文多模態對應表示，然後直接利用影像和文字的對應表示的距離計算匹配分數，我們稱這類模型為對應表示方法；二是學習圖文多模態共用表示，然後在共用展現層上增加一個或多個網路層直接輸出影像和文字的匹配分數，我們稱這類模型為共用表示方法。

一般而言，和對應表示方法相比，共用表示方法因為充分融合了圖文資訊，所以可以獲得更好的性能。一個直觀的理解是給定兩個模態的資料，對應表示方法限定了兩個模態的連結必須在沒有互動的前提下建立，而共用表示方法則沒有該限制。因此，共用表示方法擁有更大的自由度來擬合資料的分佈。

然而，共用表示方法的檢索非常耗時。舉例來說，在執行以文檢圖任務中，需要將文字查詢和候選集中的每一幅影像都成對地輸入模型中，才能得到文字查詢與候選集中所有影像的匹配分數。而對應表示方法只需要提前離線計算好候選集中所有影像的表示，在檢索時只即時計算文字查詢的表示，再利用最近鄰檢索演算法搜尋影像最近鄰即可。因此，對應表示方法在實際的跨模態檢索中使用更為廣泛。

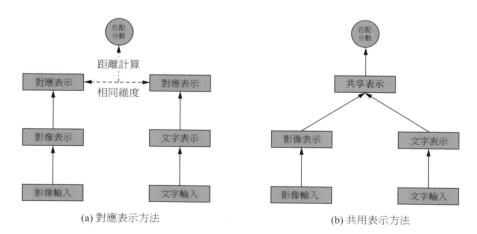

(a) 對應表示方法　　　　　　　　(b) 共用表示方法

▲ 圖 5.12 計算圖文匹配分數的兩類方法

接下來具體介紹使用對應表示方法的模型 VSE++[110] 的實戰案例，其官方程式見鏈接[1]。為了讓讀者更清晰地理解模型的訓練過程，我們重新實現了該模型。

5.3.2 模型訓練流程

從現代的深度學習框架基礎下，模型訓練的一般流程如圖 5.13 所示，包括讀取資料、前饋計算、計算損失、更新參數、選擇模型 5 個步驟。每個步驟需要實現相應的模組。

▲ 圖 5.13 模型訓練的一般流程

- 在讀取資料階段，首先下載資料集，然後整理資料集的格式，以方便接下來建構資料集類別，最後在資料集類別的基礎上建構能夠按批次產生訓練、驗證和測試資料的物件。

- 在前饋計算階段，需要實現具體的模型，使得模型能夠根據輸入產生相應的輸出。

- 在計算損失階段，需要將模型輸出和預期輸出進行對比，實現損失函式。

- 在更新參數階段，需要舉出具體的參數更新方法，即最佳化方法；由於現代深度學習框架能夠自動計算參數梯度，並實現了絕大多數最佳化方法，因此我們通常只從中進行選擇即可。

- 在選擇模型階段，需要實現具體的評估指標，選出在驗證集上表現最佳的模型參數。下面介紹 VSE++ 模型的這些階段的具體實現，並在最後將這些階段串聯起來，最終實現模型的訓練。

1　https://github.com/fartashf/vsepp

5.3.3 讀取資料

1. 下載資料集

　　這裡使用的資料集為 Flickr8k(下載網址 [1])，下載並解壓後，將其圖片放在指定目錄 (本節的程式中將該目錄設定為 ../data/flickr8k) 下的 images 資料夾裡。該資料集包括 8000 張圖片，每張圖片對應 5 個句子描述。資料集劃分採用 Karpathy 提供的方法 (下載網址 [2])，下載並解壓後，將其中的 dataset_flickr8k.json 檔案複製到指定目錄下。該劃分方法將資料集分成 3 個子集：6000 張圖片和其對應的句子描述組成訓練集，1000 張圖片和其對應的句子描述為驗證集，剩餘的 1000 張圖片和其對應的句子描述為測試集。

2. 整理資料集

　　資料集下載完成後，需要對其進行處理，以適合之後建構的 PyTorch 資料集類別進行讀取。對於文字描述，首先建構詞典，然後根據詞典將文字描述轉化為向量。對於影像，這裡僅記錄檔案路徑。如果機器的記憶體和硬碟空間比較大，這裡也可以將圖片讀取並處理成三維陣列，這樣，在模型訓練和測試階段就不需要再讀取圖片。下面是整理資料集的函式的程式。

```
%matplotlib inline
import json import os import random
from collections import Counter, defaultdict
from matplotlib import pyplot as plt
from PIL import Image

def  create_dataset(dataset='flickr8k',
                    captions_per_image=5,
                    min_word_count=5,
                    max_len=30):
    """
```

(接下頁)

1　https://www.kaggle.com/adityajn105/flickr8k

2　http://cs.stanford.edu/people/karpathy/deepimagesent/caption_datasets.zip

（接上頁）

參數：

　　dataset：資料集名稱

　　captions_per_image：每張圖片對應的文字描述數

　　min_word_count：僅考慮在資料集中（除測試集外）出現 5 次的詞

　　max_len：文字描述包含的最大單字數，如果文字描述超過該值，則截斷

輸出：

　　一個詞典檔案： vocab.json

　　三個資料集檔案： train_data.json、 val_data.json、 test_data.json

"""

```python
karpathy_json_path='../data/%s/dataset_flickr8k.json' % dataset
image_folder='../data/%s/images' % dataset
output_folder='../data/%s' % dataset

with open(karpathy_json_path, 'r') as j: data = json.load(j)

image_paths = defaultdict(list) image_captions = defaultdict(list) vocab = Counter()

for img in data['images']:
split = img['split']
captions = []
for c in img['sentences']:
        # 更新詞頻，測試集在訓練過程中時未見資料集，不能統計
        if split != 'test':
                vocab.update(c['tokens'])
        # 不統計超過最大長度限制的詞
        if len(c['tokens']) <= max_len:
                captions.append(c['tokens'])
if len(captions) == 0:
        continue

path = os.path.join(image_folder, img['filename'])

image_paths[split].append(path)
image_captions[split].append(captions)

# 建立詞典，增加佔位識別字 <pad>、未登入詞識別字 <unk>、句子首尾識別字 <start> 和 <end>
words = [w for w in vocab.keys() if vocab[w] > min_word_count]
```

（接下頁）

（接上頁）

```python
vocab = {k: v + 1 for v, k in enumerate(words)}
vocab['<pad>'] = 0
vocab['<unk>'] = len(vocab)
vocab['<start>'] = len(vocab)
vocab['<end>'] = len(vocab)

# 儲存詞典
with open(os.path.join(output_folder, 'vocab.json'), 'w') as fw:
        json.dump(vocab, fw)

# 整理資料集
for split in image_paths:
        imgpaths = image_paths[split]
        imcaps = image_captions[split]
enc_captions = []

for i, path in enumerate(imgpaths):
        # 合法性檢查，檢查影像是否可以被解析
        img = Image.open(path)
        # 如果該圖片對應的描述數量不足，則補足
        if len(imcaps[i]) < captions_per_image:
                filled_num = captions_per_image - len(imcaps[i])
                captions = imcaps[i] + \
                        [random.choice(imcaps[i]) for _ in range(filled_num)]
        # 如果該圖片對應的描述數量超了，則隨機採樣
else:
        captions = random.sample(imcaps[i], k=captions_per_image)
assert len(captions) == captions_per_image

for j, c in enumerate(captions):
        # 對文字描述進行編碼
        enc_c = [vocab['<start>']] + \
                [vocab.get(word, vocab['<unk>']) for word in c] + \
                [vocab['<end>']]
        enc_captions.append(enc_c)
        # 合法性檢查
        assert len(imgpaths) * captions_per_image == len(enc_captions)
```

（接下頁）

（接上頁）

```python
    # 儲存資料
    data = {'IMAGES': imgpaths,
            'CAPTIONS': enc_captions}
    with open(os.path.join(output_folder, split + '_data.json'), 'w') as fw:
            json.dump(data, fw)

create_dataset()
```

在呼叫該函式生成需要的格式的資料集檔案之後，可以展示其中一筆資料，簡單驗證資料的格式是否和我們預想的一致。

```python
%matplotlib inline
import json
from matplotlib import pyplot as plt
from PIL import Image

# 讀取詞典和驗證集
with open('../data/flickr8k/vocab.json', 'r') as f:
        vocab = json.load(f)
vocab_idx2word = {idx:word for word,idx in vocab.items()}
with open('../data/flickr8k/val_data.json', 'r') as f:
        data = json.load(f)

# 展示第 12 張圖片，其對應的文字描述序號是 60 到 64
content_img  =  Image.open(data['IMAGES'][12])
plt.imshow(content_img)
for i in range(5):
        word_indices  =  data['CAPTIONS'][12*5+i]
        print(' '.join([vocab_idx2word[idx] for idx in word_indices]))
```

```
<start> a dog on a leash shakes while in some water <end>
<start> a black dog is shaking water off his body <end>
<start> a dog standing in shallow water on a red leash <end>
<start> black dog in the water shaking the water off of him <end>
<start> a dog splashes in the murky water <end>
```

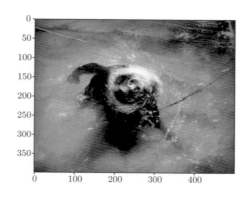

3. 定義資料集類別

在準備好的資料集的基礎上，需要進一步定義 PyTorch Dataset 類別，以使用 PyTorch DataLoader 類別按批次產生資料。PyTorch 中僅預先定義了影像、文字和語音的單模態任務中常見的資料集類別，因此我們需要定義自己的資料集類別。

在 PyTorch 中定義資料集類別非常簡單，僅繼承 torch.utils.data.Dataset 類別，並實現 __getitem__ 和 __len__ 兩個函式即可。

```python
from argparse import Namespace
import numpy as np import torch
import torch.nn as nn
from torch.nn.utils.rnn import pack_padded_sequence
from torch.utils.data import Dataset
import torchvision
import torchvision.transforms as transforms
from torchvision.models import ResNet152_Weights, VGG19_Weights


class ImageTextDataset(Dataset):
    """
    PyTorch 資料類別，用於 PyTorch DataLoader 來按批次產生資料
    """

    def init (self, dataset_path, vocab_path, split,
                    captions_per_image=5, max_len=30, transform=None):
```

（接下頁）

（接上頁）

```
                    """
        參數：
            dataset_path：json 格式資料檔案路徑
            vocab_path：json 格式詞典檔案路徑
            split：train、val、test
            captions_per_image：每張圖片對應的文字描述數
            max_len：文字描述包含的最大單字數
            transform:  影像前置處理方法
        """
        self.split = split
        assert self.split in {'train', 'val', 'test'}
        self.cpi = captions_per_image
        self.max_len = max_len

        # 載入資料集
        with open(dataset_path, 'r') as f:
                self.data = json.load(f)
        # 載入詞典
        with open(vocab_path, 'r') as f:
                self.vocab = json.load(f)

        # PyTorch 影像前置處理流程
        self.transform = transform

        # 資料量
        self.dataset_size = len(self.data['CAPTIONS'])

def  getitem (self, i):
        # 第 i 個文字描述對應第 (i // captions_per_image) 張圖片
        img = Image.open(self.data['IMAGES'][i // self.cpi]).convert('RGB')
        if self.transform is not None:
                img = self.transform(img)

        caplen  =  len(self.data['CAPTIONS'][i])
        pad_caps = [self.vocab['<pad>']] * (self.max_len + 2 - caplen)
        caption  =  torch.LongTensor(self.data['CAPTIONS'][i]+  pad_caps)
```

（接下頁）

（接上頁）

```
        return img, caption, caplen

def    len  (self):
        return self.dataset_size
```

4. 批次讀取資料

　　利用剛才建構的資料集類別，借助 DataLoader 類別建構能夠按批次產生訓練、驗證和測試資料的物件。

```
def mktrainval(data_dir, vocab_path, batch_size, workers=4):
        train_tx = transforms.Compose([
                transforms.Resize(256),
                transforms.RandomCrop(224),
                transforms.ToTensor(),
                transforms.Normalize([0.485, 0.456, 0.406], [0.229, 0.224, 0.225])
        ])
        val_tx = transforms.Compose([
                transforms.Resize(256),
                transforms.CenterCrop(224),
                transforms.ToTensor(),
                transforms.Normalize([0.485, 0.456, 0.406], [0.229, 0.224, 0.225])
])

        train_set  =  ImageTextDataset(os.path.join(data_dir,  'train_data.json'),
                                      vocab_path, 'train', transform=train_tx)
        valid_set = ImageTextDataset(os.path.join(data_dir, 'val_data.json'),
                                      vocab_path, 'val', transform=val_tx)
        test_set = ImageTextDataset(os.path.join(data_dir, 'test_data.json'),
                                      vocab_path, 'test', transform=val_tx)

        train_loader = torch.utils.data.DataLoader(
                train_set, batch_size=batch_size, shuffle=True,
                num_workers=workers, pin_memory=True)

        valid_loader = torch.utils.data.DataLoader(
```

（接下頁）

（接上頁）

```
        valid_set, batch_size=batch_size, shuffle=False,
        num_workers=workers, pin_memory=True, drop_last=False)
# 因為測試集不需要打亂資料順序，故 shuffle 設定為 False
test_loader  =  torch.utils.data.DataLoader(
        test_set, batch_size=batch_size, shuffle=False,
        num_workers=workers, pin_memory=True, drop_last=False)

return train_loader, valid_loader, test_loader
```

5.3.4 定義模型

如圖 5.14 所示，VSE++ 模型由影像表示提取器和文字表示提取器組成，二者將影像和文字映射到對應表示空間。其中，影像表示提取器為在 ImageNet 資料集上預訓練的 VGG19 或 ResNet-152，VGG19 和 ResNet-152 分別輸出 4096 維和 2048 維的影像特徵；文字表示提取器為 GRU 模型。

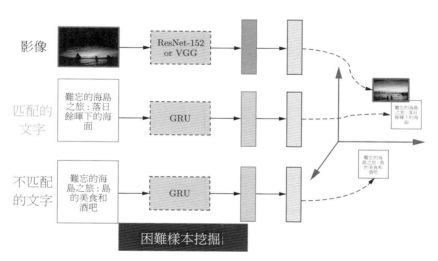

▲ 圖 5.14 VSE++ 的模型結構示意圖

4 多模態表示

1. 影像表示提取器

這裡使用在 ImageNet 資料集上預訓練過的兩個分類模型 ResNet-152 和 VGG19 作為影像表示提取器，二者都需要更改其最後一個全連接層（分類層），以輸出符合對應表示空間維度的影像表示。需要注意的是，這裡對影像表示進行了長度歸一化。

```python
class ImageRepExtractor(nn.Module):
    def init (self, embed_size, pretrained_model='resnet152', finetuned=True):
        """
        參數：
            embed_size：對應表示維度
            pretrained_model：影像表示提取器，ResNet-152 或 VGG19
            finetuned：是否微調影像表示提取器的參數
        """

        super(ImageRepExtractor, self). init ()
        if pretrained_model == 'resnet152':
            net = torchvision.models.resnet152(weights=ResNet152_Weights.DEFAULT)
            for param in net.parameters():
                param.requires_grad = finetuned
            # 更改最後一層（fc 層）
            net.fc = nn.Linear(net.fc.in_features, embed_size)
            nn.init.xavier_uniform_(net.fc.weight)
        elif pretrained_model == 'vgg19':
            net = torchvision.models.vgg19(weights=VGG19_Weights.DEFAULT)
            for param in net.parameters():
                param.requires_grad = finetuned
            # 更改最後一層（fc 層）
            net.classifier[6] = nn.Linear(net.classifier[6].in_features, embed_size)
            nn.init.xavier_uniform_(net.classifier[6].weight)
        else:
            raise ValueError("Unknown image model " + pretrained_model)
        self.net = net

def forward(self, x):
    out = self.net(x)
    out = nn.functional.normalize(out)
    return out
```

2. 文字表示提取器

這裡使用 GRU 模型作為文字表示提取器，它的輸入層為詞嵌入形式，文字表示為最後一個詞對應的隱藏層輸出。文字表示的維度也和對應表示空間的維度相同且也進行了長度歸一化。

由於文字序列長度不一致，我們給長度較短的序列填充了大量的 0（在詞典中的序號），如果這些 0 都參與 RNN 的運算，勢必會浪費大量的運算資源。由於 RNN 是按照時刻順序計算隱藏層，即 RNN 在每一時刻的輸入為小量中相應時刻的維度資料，因此，我們可以將每一時刻的非 0 資料組合成一個批次當作 RNN 的輸入。PyTorch 中的 pack_padded_sequence 函式可以幫助我們輕鬆地做地這件事。具體來說，在將序列送給 RNN 進行處理之前，採用 pack_padded_sequence 函式對小量的輸入資料進行壓縮，可壓縮掉無效的填充值。

這裡用一個例子說明 pack_padded_sequence 函式的輸入和輸出。對於圖 5.15 所示的數量為 4、最大長度為 5 的小量樣本，pack_padded_sequence 函式會按照時刻統計出新的小量資料，即輸出的 data 包含全部非 0 資料，batch_sizes 包含每一時刻對應的批大小。需要注意的是，使用 pack_padded_sequence 函式，必須預先對輸入按照長度從大到小排序。

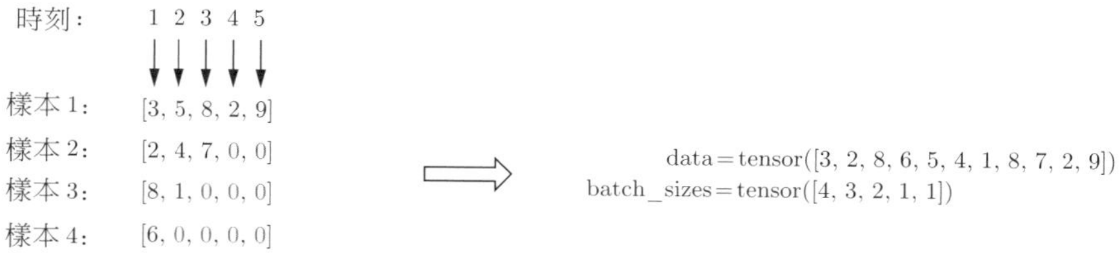

```
時刻：      1 2 3 4 5
            ↓ ↓ ↓ ↓ ↓
樣本 1：   [3, 5, 8, 2, 9]
樣本 2：   [2, 4, 7, 0, 0]        ⟹   data = tensor([3, 2, 8, 6, 5, 4, 1, 8, 7, 2, 9])
樣本 3：   [8, 1, 0, 0, 0]            batch_sizes = tensor([4, 3, 2, 1, 1])
樣本 4：   [6, 0, 0, 0, 0]
```

▲ 圖 5.15 pack_padded_sequence 函式的作用的範例圖

```python
class TextRepExtractor(nn.Module):
    def __init__(self, vocab_size, word_dim, embed_size, num_layers):
        """
        參數：
            vocab_size：詞典大小
            word_dim：詞嵌入維度
```

（接下頁）

（接上頁）

```
        embed_size：對應表示維度，也是 RNN 隱藏層維度
        num_layers：RNN 隱藏層數
    """
    super(TextRepExtractor, self).__init__()
    self.embed_size = embed_size
    self.embed   = nn.Embedding(vocab_size,  word_dim)
    self.rnn = nn.GRU(word_dim, embed_size, num_layers, batch_first=True)
    # RNN 預設已初始化，這裡只需要初始化詞嵌入矩陣
    self.embed.weight.data.uniform_(-0.1,  0.1)

def forward(self, x, lengths):
x = self.embed(x)
# 壓縮掉填充值
packed = pack_padded_sequence(x, lengths, batch_first=True)
# 執行 GRU 的前饋過程會傳回兩個變數，第二個變數 hidden 為最後一個詞（由 length 決定）
對應的所有隱藏層輸出
_, hidden = self.rnn(packed)
# 最後一個詞的最後一個隱藏層輸出為 hidden[-1]
out = nn.functional.normalize(hidden[-1])
return out
```

3. VSE++ 模型

　　有了影像表示提取器和文字表示提取器，就很容易建構 VSE++ 模型了。僅利用影像表示提取器和文字表示提取器對成對的影像和文字資料輸出表示即可。

　　這裡需要注意的是，要先按照文字的長短對資料進行排序，且為了評測模型時能夠對齊影像和文字資料，還需要恢復資料原始的輸入順序。

```
class VSEPP(nn.Module):
    def __init__(self, vocab_size, word_dim, embed_size,
                 num_layers, image_model, finetuned=True):
        """
        參數：
            vocab_size:  詞表大小
            word_dim: 詞嵌入維度
```

（接下頁）

（接上頁）

```
                    embed_size: 對應表示維度，也是 RNN 隱藏層維度
                    num_layers: RNN 隱藏層數
                    image_model: 影像表示提取器，ResNet-152 或 VGG19
                    finetuned: 是否微調影像表示提取器的參數
                """
                super(VSEPP, self).__init__()
                self.image_extractor = ImageRepExtractor(embed_size, image_model, finetuned)
                self.text_extractor = TextRepExtractor(vocab_size, word_dim,
                                                         embed_size, num_layers)

def forward(self, images, captions, cap_lens):
        # 按照 caption 的長短排序，並對照調整 image 的順序
        sorted_cap_lens, sorted_cap_indices = torch.sort(cap_lens, 0, True)
        images = images[sorted_cap_indices]
        captions = captions[sorted_cap_indices]
        cap_lens = sorted_cap_lens

        image_code = self.image_extractor(images)
        text_code = self.text_extractor(captions, cap_lens)
        if not self.training:
                # 恢復資料原始的輸入順序
                _, recover_indices = torch.sort(sorted_cap_indices)
                image_code = image_code[recover_indices]
                text_code  = text_code[recover_indices]
        return image_code, text_code
```

5.3.5 定義損失函式

　　VSE++ 模型採用了困難樣本挖掘的 triplet 損失函式。一般而言，挖掘困難樣本的方式分為離線挖掘和線上挖掘兩種。其中離線挖掘是在訓練開始或每一輪訓練完成之後，挖掘困難樣本;線上挖掘是在每一個批資料裡，挖掘困難樣本。這裡的實現方式為線上挖掘。本部分程式的實現參照了 VSE++ 模型的作者發佈的原始程式[1]。

1　https://github.com/fartashf/vsepp

```
class TripletNetLoss(nn.Module):
    def __init__(self, margin=0.2, hard_negative=False):
        super(TripletNetLoss, self).__init__()
        self.margin = margin
        self.hard_negative = hard_negative

    def forward(self, ie, te):
        """
        參數：
            ie：影像表示
            te：文字表示
        """
        scores  = ie.mm(te.t())

        diagonal = scores.diag().view(ie.size(0), 1)
        d1 = diagonal.expand_as(scores)
        d2 = diagonal.t().expand_as(scores)

        # 影像為錨
        cost_i = (self.margin + scores - d1).clamp(min=0)
        # 文字為錨
        cost_t = (self.margin + scores - d2).clamp(min=0)

        # 損失矩陣對角線上的值不參與計算
        mask = torch.eye(scores.size(0), dtype=torch.bool)
        I = torch.autograd.Variable(mask)
        if torch.cuda.is_available():
            I = I.cuda()
        cost_i = cost_i.masked_fill_(I, 0)
        cost_t = cost_t.masked_fill_(I, 0)

        # 尋找困難樣本
        if self.hard_negative:
            cost_i = cost_i.max(1)[0]
            cost_t = cost_t.max(0)[0]

        return cost_i.sum() + cost_t.sum()
```

5.3.6 選擇最佳化方法

下面選用 Adam 最佳化演算法更新模型參數，學習速率採用分段衰減方法。

```
def get_optimizer(model, config):
    params = filter(lambda p: p.requires_grad, model.parameters())
    return  torch.optim.Adam(params=params,  lr=config.learning_rate)


def adjust_learning_rate(optimizer, epoch, config):
    """ 每隔 lr_update 個輪次，學習速率減小至當前二分之一 """
    lr = config.learning_rate * (0.5 ** (epoch // config.lr_update))
    lr = max(lr, config.min_learning_rate)
    for param_group in optimizer.param_groups:
        param_group['lr'] = lr
```

5.3.7 評估指標

這裡實現了跨模態檢索中最常用的評估指標 Recall@K。該指標是正確答案出現在前 K 個傳回結果的樣例佔總樣例的比例，比如在以圖檢文任務中，對於單一圖片查詢，在文字候選集中搜尋它的 K 個最近鄰的文字，如果傳回的前 K 個文字中有至少一個文字和查詢圖片匹配，則該次查詢的分數記為 1，否則記為 0。Recall@K 是測試集中所有查詢圖片分數的平均。注意，這裡和推薦系統裡的 Recall@K 是完全不一樣的，推薦系統裡的 Recall@K 是 K 個推薦項目中的相關項目數量在所有相關項目數量中的佔比，衡量的是系統的查全率。

首先利用 VSE++ 模型計算影像和文字編碼，然後直接計算所有影像編碼和所有文字編碼之間的點積得到所有影像文字對之間的相似度得分（由於相鄰的若干張圖片是一樣的，所以每隔固定數量取圖片即可），最後利用得分排序計算 Recall@K。需要注意的是，對於影像查詢，即在以圖檢文任務中，由於一張圖片對應多個文字，因此我們需要找到和圖片對應的排名最靠前的文字的位置。

```
def evaluate(data_loader, model, batch_size, captions_per_image):
    # 模型切換進入評估模式
    model.eval() image_codes = None
    text_codes = None
```

（接下頁）

（接上頁）

```
        device = next(model.parameters()).device
        N = len(data_loader.dataset)
        for i, (imgs, caps, caplens) in enumerate(data_loader):
        with torch.no_grad():
                image_code, text_code = model(imgs.to(device), caps.to(device),
caplens)
                if image_codes is None:
                        image_codes = np.zeros((N, image_code.size(1)))
                        text_codes = np.zeros((N, text_code.size(1)))
                # 將圖文對應表示存到 numpy 陣列中，之後在 CPU 上計算 recall
                st = i*batch_size
                ed = (i+1)*batch_size
                image_codes[st:ed] = image_code.data.cpu().numpy()
                text_codes[st:ed]  =  text_code.data.cpu().numpy()
        # 模型切換回訓練模式
        model.train()
        return calc_recall(image_codes, text_codes, captions_per_image)

def calc_recall(image_codes, text_codes, captions_per_image):
        # 之所以可以每隔固定數量取圖片，是因為前面對圖文資料對輸入順序進行了還原
        scores = np.dot(image_codes[::captions_per_image], text_codes.T)
        # 以圖檢文：按行從大到小排序
        sorted_scores_indices = (-scores).argsort(axis=1)
        (n_image, n_text) = scores.shape
        ranks_i2t  =  np.zeros(n_image)
        for i in range(n_image):
                # 一張圖片對應 cpi 條文字，找到排名最靠前的文字位置
                min_rank = 1e10
                for j in range(i*captions_per_image,(i+1)*captions_per_image):
                        rank = list(sorted_scores_indices[i,:]).index(j)
                        if min_rank > rank:
                                min_rank = rank
                ranks_i2t[i] = min_rank
        # 以文檢圖：按列從大到小排序
        sorted_scores_indices = (-scores).argsort(axis=0) ranks_t2i = np.zeros(n_text)
        for i in range(n_text):
```

（接下頁）

（接上頁）

```
            rank = list(sorted_scores_indices[:,i]).index(i//captions_per_image)
            ranks_t2i[i] = rank
# 最靠前的位置小於 k，即 recall@k，這裡計算了 k 取 1、5、10 時的圖文互檢的 recall
r1_i2t = 100.0 * len(np.where(ranks_i2t<1)[0]) / n_image
r1_t2i = 100.0 * len(np.where(ranks_t2i<1)[0]) / n_text
r5_i2t = 100.0 * len(np.where(ranks_i2t<5)[0]) / n_image
r5_t2i = 100.0 * len(np.where(ranks_t2i<5)[0]) / n_text
r10_i2t = 100.0 * len(np.where(ranks_i2t<10)[0]) / n_image
r10_t2i = 100.0 * len(np.where(ranks_t2i<10)[0]) / n_text
return r1_i2t, r1_t2i, r5_i2t, r5_t2i, r10_i2t, r10_t2i
```

5.3.8 訓練模型

訓練模型過程可以分為讀取資料、前饋計算、計算損失、更新參數、選擇模型 5 個步驟。

訓練模型的具體方案為一共訓練 45 輪，初始學習速率為 0.00002，每 15 輪將學習速率變為原數值的 1/2。

```
# 設定模型超參數和輔助變數
config = Namespace( captions_per_image = 5,
      batch_size = 32,
      word_dim = 300,
      embed_size = 1024,
      num_layers = 1,
      image_model = 'resnet152', # 或 VGG19
      finetuned = True, learning_rate = 0.00002,
      lr_update = 15,
      min_learning_rate = 0.000002,
      margin = 0.2,
      hard_negative = True,
      num_epochs = 45,
      grad_clip = 2,
      evaluate_step = 60, # 每隔多少步在驗證集上測試一次

      checkpoint = None, # 如果不為 None，則利用該變數路徑的模型繼續訓練
```

（接下頁）

（接上頁）

```
best_checkpoint  =  '../model/vsepp/best_flickr8k.ckpt',

                                # 驗證集上表現最佳的模型的路徑
        last_checkpoint  =  '../model/vsepp/last_flickr8k.ckpt' # 訓練完成時的模型的路徑
)

# 設定 GPU 資訊
os.environ['CUDA_VISIBLE_DEVICES'] = '0'
device = torch.device("cuda" if torch.cuda.is_available() else "cpu")

# 資料
data_dir  =  '../data/flickr8k/'
vocab_path  =  '../data/flickr8k/vocab.json'
train_loader, valid_loader, test_loader = mktrainval(data_dir,
                                                vocab_path,
                                                config.batch_size)

# 模型
with open(vocab_path, 'r') as f:
        vocab = json.load(f)

# 隨機初始化或載入已訓練的模型
start_epoch = 0
checkpoint = config.checkpoint
if checkpoint is None:
        model = VSEPP(len(vocab),
                config.word_dim,
                config.embed_size,
                config.num_layers,
                config.image_model,
                config.finetuned)
else:
        checkpoint = torch.load(checkpoint)
        start_epoch = checkpoint['epoch'] + 1
        model = checkpoint['model']

# 最佳化器
optimizer = get_optimizer(model, config)
```

（接下頁）

（接上頁）

```python
# 將模型複製至 GPU，並開啟訓練模式
model.to(device)
model.train()

# 損失函式
loss_fn = TripletNetLoss(config.margin, config.hard_negative)

best_res = 0 print(" 開始訓練 ")
for epoch in range(start_epoch, config.num_epochs):
        adjust_learning_rate(optimizer, epoch, config)

    for i, (imgs, caps, caplens) in enumerate(train_loader):
            optimizer.zero_grad()
            # 1. 讀取資料至 GPU
            imgs = imgs.to(device)
            caps = caps.to(device)

            # 2. 前饋計算
            image_code, text_code = model(imgs, caps, caplens)
            # 3. 計算損失
            loss = loss_fn(image_code, text_code)
            loss.backward()

            # 梯度截斷
            if config.grad_clip > 0:
            nn.utils.clip_grad_norm_(model.parameters(), config.grad_clip)

            # 4. 更新參數
            optimizer.step()

            state = {
                    'epoch': epoch, '
                    step': i,
                    'model': model,
                    'optimizer':  optimizer
                    }
```

（接下頁）

（接上頁）

```
                if (i+1) % config.evaluate_step == 0:
                        r1_i2t, r1_t2i, r5_i2t, r5_t2i, r10_i2t, r10_t2i = \
                                evaluate(valid_loader, model,
                                        config.batch_size, config.captions_per_image)
                        recall_sum = r1_i2t + r1_t2i + r5_i2t + r5_t2i + r10_i2t + r10_t2i
                # 5. 選擇模型
                if best_res < recall_sum:
                        best_res = recall_sum
                        torch.save(state, config.best_checkpoint)
                torch.save(state, config.last_checkpoint)
                print('epoch: %d, step: %d, loss: %.2f, \
                        I2T R@1: %.2f, T2I R@1: %.2f, \
                        I2T R@5: %.2f, T2I R@5: %.2f, \
                        I2T R@10: %.2f, T2I R@10: %.2f,' %
                        (epoch, i+1, loss.item(),
                        r1_i2t, r1_t2i, r5_i2t, r5_t2i, r10_i2t, r10_t2i))

checkpoint = torch.load(config.best_checkpoint)
model = checkpoint['model']
r1_i2t, r1_t2i, r5_i2t, r5_t2i, r10_i2t, r10_t2i = \
        evaluate(test_loader, model, config.batch_size, config.captions_per_image)
print("Evaluate on the test set with the model \
        that has the best performance on the validation set")
print('Epoch: %d, \
        I2T R@1: %.2f, T2I R@1: %.2f, \
        I2T R@5: %.2f, T2I R@5: %.2f, \
        I2T R@10: %.2f, T2I R@10: %.2f' %
        (checkpoint['epoch'], r1_i2t, r1_t2i, r5_i2t, r5_t2i, r10_i2t, r10_t2i))
```

執行這段程式完成模型訓練後，最後一行會輸出在驗證集上表現最好的模型在測試集上的結果，具體如下。

```
Epoch: 41, I2T R@1: 22.20, T2I R@1: 17.30, I2T R@5: 47.70, T2I R@5: 40.78,
        I2T R@10: 60.10, T2I R@10: 53.10
```

5.4 小結

　　本章介紹了多模態整體表示學習的兩種基本策略以及它們各自的代表模型。首先，介紹了兩類典型的共用表示學習模型：基於自編碼器的非機率模型和基於 RBM 的機率模型。這兩類模型的特點之一是其無監督的訓練方式。在完成特定下游任務時，可以先在大規模圖文對齊語料上訓練這兩類模型，獲取共用表示，再在小規模的有監督語料上訓練針對下游任務的模型。這些模型是研究人員對通用的多模態共用表示的初步探索成果。然後，介紹了三類基於不同損失函式的對應表示學習方法：基於重構損失的方法、基於排序損失的方法，以及基於對抗損失的方法。這三類方法都是針對跨模態檢索任務提出的，並可用於學習通用的多模態整體對齊表示。最後，介紹了一個完整的使用對應表示學習方法進行跨模態檢索任務的實戰案例，使得讀者可以深入了解對應表示模型，完成跨模態檢索任務的細節。

5.5 習題

1. 給定由 M ($M > 1000000$) 對圖文對應的資料對組成的資料集，以及 N ($N > 1000$) 筆標注了類別的文字資料，設計利用多模態深度自編碼器或多模態深度生成模型進行文字分類的方案。

2. 給定一個輸入層和展現層均包含 2 個神經元的受限玻爾茲曼機，權重 $w_{11} = 2, w_{22} = 1, w_{12} = w_{21} = -1$，偏置 $b_1 = b_2 = 0, c_1 = c_2 = 0$，求 $p(v_1 = 1, v_2 = 1, h_1 = 1, h_2 = 1)$ 和 $p(v_1 = 0, v_2 = 1)$。

3. 寫出多模態深度信念網路的訓練流程，以及利用該模型進行跨模態生成的流程。

4. 分析 5.2 節中介紹的基於 3 種不同損失的對應表示學習方法所學表示空間的不同之處。

5. 將 5.3 節中介紹的 VSE++ 模型的排序損失函式替換為對抗損失函式，對比替換損失函式前後的跨模態檢索結果，並利用 t-SNE 視覺化技術對比兩種損失函式的對應表示空間。

6. 在 5.3 節中介紹的 VSE++ 模型的排序損失函式的基礎上增加對抗損失函式，利用 t-SNE 視覺化技術分析綜合使用兩種損失函式的跨模態檢索結果。

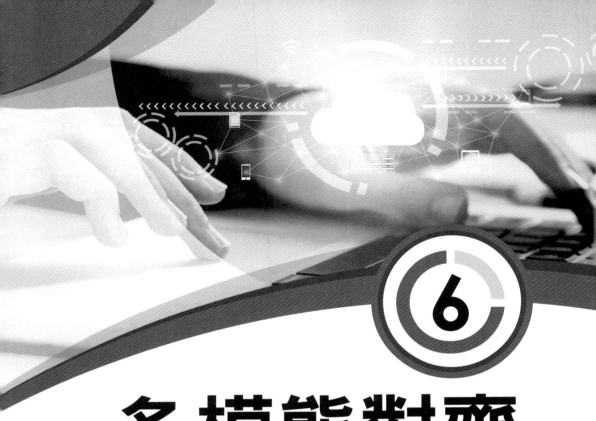

多模態對齊

　　多模態對齊是建立不同模態資訊之間連結關係的技術。根據圖文表示粒度的不同,其連結關係可以分為 4 類:影像整體和文字整體的對齊;影像局部和文字局部的對齊;影像局部和文字整體的對齊;影像整體和文字局部的對齊。實際上,5.2 節中所介紹的對應表示學習技術就是一種典型的圖文整體對齊技術。但是,在圖文整體對齊中,影像和文字都被表示為單一的多維向量,連結關係的建立也就依賴圖文的整體表示。然而,一些局部細節容易在最終的表示中被忽略,這不利於精準地對齊圖文的細節資訊。

為了挖掘更細粒度的圖文對齊關係，2016 年起，研究人員開始利用注意力建立影像局部和文字整體的連結關係。具體方法為：以文字整體表示為查詢、影像局部表示序列為鍵和值，將用於建模單模態資訊的自注意力擴展為可以建模多模態資訊的交叉注意力。這樣，交叉注意力的文字表示輸出結果為影像所有局部表示的線性組合，也就建立了文字整體和影像局部的連結。由於視覺問答任務中的關鍵挑戰是排除與問題無關緊要的影像區域，篩選出對回答問題有用的影像區域，因此，交叉注意力首先在視覺問答任務中獲得了廣泛的應用 [66,132-133]。

隨後，研究人員進一步使用交叉注意力挖掘影像局部和文字局部的連結關係，即同時建立影像的每個局部表示和文字的所有局部表示之間的連結，以及文字的每個局部表示和影像的所有局部表示之間的連結。使用這種方法的工作包括：應對視覺問答任務的層次的問題－影像共注意力模型 [134] 和應對圖文跨模態檢索任務的 SCAN 模型 [67]。

理論上，利用自注意力分別建模影像和文字，然後利用交叉注意力實現圖文對齊的方法已經盡可能建模了影像和文字中所包含的所有細粒度關係。然而，這種多模態對齊方法隨著需要對齊的局部數量的增加，因自注意力計算帶來的時間和運算資源消耗會變得非常大。於是，借助最近幾年出現的圖神經網路技術，研究人員提出基於圖結構表示的方法。具體而言，該方法首先將影像和文字分別以圖結構的形式表示，這種圖形式的表示顯式地包含了豐富的細粒度資訊，再在圖結構表示上挖掘影像和文字的對齊關係。由於引入了影像中實體間所存在的語義和空間關係，以及文字中的句子結構等先驗資訊，因此該方法增加了建模過程中的透明度，進而增強了模型的可解釋性，也避免了建模大量的容錯關係，有效降低了建模過程的時間複雜度。使用這類方法的工作包括應對圖文跨模態檢索任務的 VSRN 模型 [135]、GSMN 模型 [136] 和 CGMN 模型 [137]。

本章將介紹上述兩類細粒度的多模態對齊方法：一是基於注意力的方法；二是基於圖神經網路的方法。

6.1 基於注意力的方法

6.1.1 交叉注意力

3.3 節介紹過自注意力能夠將一組向量組成的輸入序列轉換成一組向量組成的輸出序列。具體實現上，自注意力的計算包含 4 個步驟：計算輸入序列的查詢 Q、鍵 K 和值 V；選取 Q 和 K 的連結方式並計算注意力相關性分數；歸一化 Q 和 K 的相關性分數；以相關性分數作為 V 的權重，計算輸出。

在交叉注意力中，Q、K、V 不再來源於同一個模態，而是 Q 來源於一個模態，K 和 V 來源於另一個模態，這種注意力操作也常被稱為交叉注意力（cross attention，CA）或引導注意力。當計算影像輸出時，Q 來源於影像，K 和 V 來源於文字，此為影像引導注意力；當計算文字輸出時，Q 來源於文字，K 和 V 來源於影像，此為文字引導注意力。

1. 整體框架

假定影像和文字的表示均為若干向量組成的序列。設影像表示為 n 個 D_I 維向量組成的序列，記作 $\{x_1^I, x_2^I, \cdots, x_n^I\}$，其矩陣形式為 $X^I \in \mathbb{R}^{n \times D_I}$；文字表示為 m 個 D_T 維向量組成的序列，記作 $\{x_1^T, x_2^T, -, x_m^T\}$，其矩陣形式為 $X^T \in \mathbb{R}^{n \times D_T}$。相應地，交叉注意力的影像輸出序列為 $\{y_1^I, y_2^I, \cdots, y_n^I\}$，文字輸出序列為 $\{y_1^T, y_2^T, \cdots, y_m^T\}$。

圖 6.1 展示了交叉注意力的整體框架。可以看到，交叉注意力的輸入和輸出都包含影像和文字兩個模態，影像輸出序列中的每個向量都和影像輸入序列當前向量和文字輸入序列所有向量相關，而文字輸出序列中的每個向量都和文字輸入序列當前向量和影像輸入序列所有向量相關。下面介紹交叉注意力的輸出的具體計算流程。

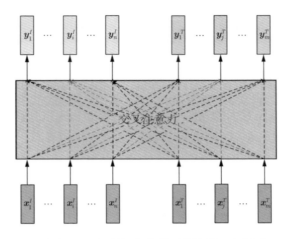

▲ 圖 6.1 交叉注意力的整體框架示意圖

2. 計算流程

交叉注意力的影像輸出序列第 i 個向量的計算流程如圖 6.2 所示,具體描述如下。

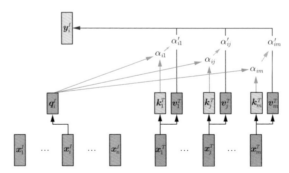

▲ 圖 6.2 交叉注意力的影像輸出序列第 i 個向量的計算流程

(1)獲得影像模態的查詢 Q^I、文字模態的鍵 K^T、文字模態的值 V^T。形式上,影像輸入序列中的第 i 個向量對應的查詢 q_i^I、文字輸入序列中的第 j 個向量對應的鍵 k_j^T 和值 V_j^T 為

$$q_i^I = W_Q^I x_i^I$$
$$k_j^T = W_K^T x_j^T$$
$$v_j^T = W_V^T x_j^T \qquad (6.1.1)$$

（2）對影像輸入序列中的每個向量，計算其查詢和文字輸入序列所有向量的鍵 K^T 之間的相似性，以此作為該影像輸入向量和所有文字輸入向量之間的相關性：

$$\alpha_{ij} = a(q_i^I, k_j^T) \qquad (6.1.2)$$

（3）歸一化注意力得分：

$$\alpha'_{ij} = \frac{\exp(\alpha_{ij})}{\sum_k \exp(\alpha_{ik})} \qquad (6.1.3)$$

（4）以注意力得分為權重，對文字輸入序列所有向量的值 V^T 進行加權求和，計算輸出特徵：

$$y_i^I = \sum_j \alpha'_{ij} v_j^T \qquad (6.1.4)$$

這裡，權重越高表示局部連結越緊密。依此，就可以計算出整個影像輸出序列。文字輸出序列的計算方式和影像輸出序列的計算方式相同，僅調換 Q 和（K、V）的來源即可，這裡不再贅述。整體上，我們將交叉注意力記作：

$$Y^I, Y^T = \mathrm{CA}(X^I, X^T) \qquad (6.1.5)$$

6.1.2 基於交叉注意力的圖文對齊和相關性計算

透過交叉注意力操作，可以獲得圖文的對齊關係，進而計算圖文的相關性。下面根據影像模態和文字模態表示形式的不同，介紹圖文的對齊關係的解釋，以及圖文相關性的計算方法。

當影像模態和文字模態均為局部表示時，可以利用交叉注意力獲得圖文局部的對齊連結。具體來說，影像輸出序列中的每個向量都由文字的所有局部表示的線性加權求和得到，這隱含了影像每個局部和文字所有局部的對齊關係。同樣，文字輸出序列中的每個向量都由影像中所有局部表示的線性加權求和得到，這隱含了文字局部和影像所有局部的對齊關係。

圖文相關性計算的目標是獲得圖文整體匹配的得分。透過上述交叉注意力可以獲得影像和文字經過跨模態對齊之後的局部表示，我們首先計算局部跨模態連結得分，一種常用的方法是計算對齊前後表示之間的餘弦相似度。形式上，影像第 i 個局部的跨模態連結得分 s_i^I 為

$$s_i^I = \text{cosine}(\boldsymbol{x}_i^I, \boldsymbol{y}_i^I) \tag{6.1.6}$$

同樣，文字第 i 個局部的跨模態連結得分 s_i^T 為

$$s_i^T = \text{cosine}(\boldsymbol{x}_i^T, \boldsymbol{y}_i^T) \tag{6.1.7}$$

圖文的整體連結得分可以直接由局部連結得分的某種累積函式獲得。舉例來說，從影像模態的角度，可以直接取影像所有局部跨模態連結得分的最大值或平均值作為圖文連結。同理，從文字模態的角度，可以直接取文字所有局部跨模態連結得分的最大值或平均值作為圖文連結。還有一種累計函式是 LogSumExp 函式 $(\log(\sum_{i=1}^n \exp(s_i)))$，其中 n 為參與計算的值的數量。該函式可以看作平滑的 max 函式，解釋如下。

$$
\begin{aligned}
\max\{s_1, s_2, \cdots, s_n\} &= \log(\exp(\max(s_i)) \\
&\leqslant \log(\exp(s_1) + \cdots + \exp(s_n)) \\
&\leqslant \log(n \cdot \exp(\max(s_i)) \\
&= \max\{s_1, s_2, \cdots, s_n\} + \log(n)
\end{aligned} \tag{6.1.8}
$$

可以看到，LogSumExp 函式的結果介於 max 函式和 max 函式加上 n 的對數，n 越小，LogSumExp 函式越接近 max 函式。

如圖 6.3 所示，**當影像模態為局部表示、文字模態為整體表示時**，可以利用交叉注意力獲得影像局部和文字整體的對齊關係。此時，文字表示為單一的多維向量，並非序列。但是，我們可以將其看作長度為 1 的序列表示，這樣就可以透過交叉注意力計算文字整體表示對應的輸出向量。此時，文字輸出向量由影像中所有局部表示的線性加權求和得到，這隱含了文字整體和影像所有局部的對齊關係。

此時，圖文連結計算也相對簡單，直接計算多模態對齊前後的文字整體表示之間的餘弦相似度即可。假定文字對齊前後表示分別記為 $\boldsymbol{x}^T$ 和 $\boldsymbol{y}^T$，則圖文連結得分為

$$s^T = \mathrm{cosine}(\boldsymbol{x}^T, \boldsymbol{y}^T) \tag{6.1.9}$$

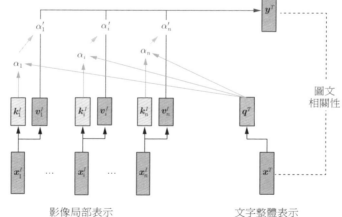

▲ 圖 6.3 跨模態連結計算：影像局部表示 - 文字整體表示

　　和上面類似，**當影像模態為整體表示、文字模態為局部表示時**，如圖 6.4 所示，可以利用交叉注意力獲得影像整體和文字局部的對齊關係。此時，影像表示為單一的多維向量。我們將其看作長度為 1 的序列表示，並透過交叉注意力計算影像整體表示對應的輸出向量。此時，影像輸出向量由文字中所有局部表示的線性加權求和得到，這隱含了影像整體和文字所有局部的對齊關係。

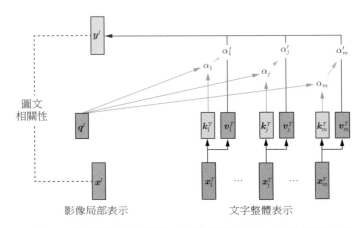

▲ 圖 6.4 跨模態連結計算：影像整體表示 - 文字局部表示

　　此時，圖文連結得分為多模態對齊前後的影像整體表示之間的餘弦相似度。假定影像對齊前後表示分別記為 $\boldsymbol{x}^I$ 和 $\boldsymbol{y}^I$，則圖文連結得分為

$$s^I = \text{cosine}(\boldsymbol{x}^I, \boldsymbol{y}^I) \tag{6.1.10}$$

6.2 基於圖神經網路的方法

　　基於圖神經網路的多模態對齊方法的流程如圖 6.5 所示，包括圖文表示提取、單模態圖表示學習和多模態圖對齊 3 部分。其中，圖文表示提取負責獲取圖文的初始局部表示，單模態圖表示學習是以圖結構的形式表示影像和文字，並使用圖神經網路學習其圖表示，多模態圖對齊則分為節點等級的對齊和圖等級的對齊，節點等級和圖等級的對齊分別代表圖文的局部對齊和整體對齊。

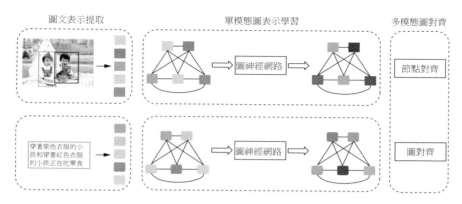

▲ 圖 6.5 基於圖神經網路的多模態對齊方法的流程

6.2.1 圖神經網路基礎

　　圖是一種常見的資料結構，其可以表示為 G = {V,E}，其中 V 是包含 N 個節點的集合，E 是邊集合。一般用鄰接矩陣 $A \in \{0,1\}^{N \times N}$ 表示圖中任意兩個節點的連接關係。如果第 i 個節點和第 j 個節點相連，則 $A_{ij} = 1$，否則 $A_{ij} = 0$。

　　圖 6.6 舉出了一個包含 5 個節點 6 條邊的圖，其節點集合 V = {v_1, v_2, v_3, v_4, v_5}，邊集合 E = {e_1, e_2, e_3, e_4, e_5, e_6}。此時，鄰接矩陣

$$A = \begin{pmatrix} 0 & 0 & 1 & 0 & 1 \\ 0 & 0 & 1 & 1 & 0 \\ 1 & 1 & 0 & 1 & 0 \\ 0 & 1 & 1 & 0 & 1 \\ 1 & 0 & 0 & 1 & 0 \end{pmatrix} \tag{6.2.1}$$

與頂點相連的邊的數量所組成的度

$$D = \begin{pmatrix} 2 & 0 & 0 & 0 & 0 \\ 0 & 2 & 0 & 0 & 0 \\ 0 & 0 & 2 & 0 & 0 \\ 0 & 0 & 0 & 3 & 0 \\ 0 & 0 & 0 & 0 & 2 \end{pmatrix} \tag{6.2.2}$$

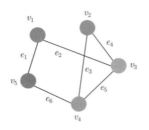

▲ 圖 6.6 包含 5 個節點 6 條邊的圖

　　圖神經網路是將深度神經網路應用於圖結構資料的方法。在圖神經網路中，每個節點都對應一個維度為 d^0 的向量表示，整個圖的節點表示矩陣記作 $\boldsymbol{H}^0 \in \mathbb{R}^{N \times d^0}$。圖神經網路模型主要透過聚合每個節點周圍鄰居節點的資訊，達到更新節點表示的目標。這和卷積神經網路非常類似，但是由於卷積操作需要在固定大小的視窗中執行特徵變換，而圖結構往往是不規則的，並不存在固定視窗的鄰居集合，因此，不能直接應用於圖結構中。因此，圖神經網路的關鍵就是要設計圖結構上的聚合操作。每一次聚合操作都是以上一層的表示矩陣 $\boldsymbol{H}^l$ 和鄰接矩陣 $\boldsymbol{A}$ 為輸入，輸出新的表示矩陣 $\boldsymbol{H}^{l+1} \in \mathbb{R}^{N \times d^{l+1}}$，即

$$\boldsymbol{H}^{l+1} = f(\boldsymbol{H}^l, \boldsymbol{A}) \tag{6.2.3}$$

　　圖 6.7 舉出了圖神經網路的第 l 層到第 $l+1$ 層轉換的示意圖。可以看到，每一層更新並不改變圖的結構，而是僅改變圖的節點表示。如果僅考慮節點表示的更新，那麼圖神經網路的輸入和輸出也都是若干向量組成的序列，這和自注意力的輸入和輸出形式是一樣的。

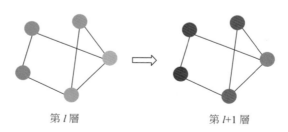

第 l 層　　　　　　　　　第 $l+1$ 層

▲ 圖 6.7 圖神經網路的層與層轉換示意圖

對於圖神經網路的單一節點而言，最基礎的聚合操作方法是首先求取其鄰居節點的表示的平均值獲得鄰居表示，然後透過一個全連接層對鄰居表示和該節點的自身表示進行線性加權，最後透過非線性啟動函式得到該節點的聚合表示。

然而，這樣會導致度少的節點的表示受其相連的度多的節點的表示影響過大。研究人員提出一系列聚合操作來最佳化這一問題，根據聚合操作利用的圖資訊方式的不同，這些圖神經網路模型一般被分為兩類：基於譜的模型和基於空間的模型。前者利用圖譜理論設計譜域中的聚合操作，後者顯示地利用圖的空間結構設計聚合操作。

下面從空間的角度介紹兩個典型的圖神經網路模型：圖卷積神經網路（graph convolu-tional networks，GCN）[138] 和圖注意力網路（graph attention networks，GAT）[139]。其中，圖卷積神經網路既可以看作基於譜的模型，也可以看作基於空間的模型，而圖注意力網路則屬於基於空間的模型。

1. 圖卷積神經網路

給定第 l 層的表示矩陣 $H^l \in \mathbb{R}^{N \times d}$，圖卷積神經網路使用以下的聚合操作獲得第 $l+1$ 層的表示矩陣 $H^{l+1} \in \mathbb{R}^{N \times d^l}$：

$$H^{l+1} = \sigma(\tilde{D}^{-\frac{1}{2}}\tilde{A}\tilde{D}^{-\frac{1}{2}}H^l W^l) \tag{6.2.4}$$

其中，$\tilde{A} = A + I \in \{0, 1\}^{N \times N}$，$I$ 為單位矩陣，$\tilde{D}$ 是 $\tilde{A}$ 的度矩陣，即 $\tilde{D}_{ii} = \sum_j \tilde{A}_{ij}$，$W^l \in \mathbb{R}^{d \times d^l}$ 為第 l 層的權重，σ 為啟動函式。

為了更進一步地理解 GCN 的聚合操作，可以僅看其中一個節點的聚合過程，以第 i 個節點為例，其聚合後的表示

$$H_i^{l+1} = \sigma\left(\sum_j \frac{1}{\sqrt{\tilde{D}_{ii}\tilde{D}_{jj}}}\tilde{A}_{ij}H_j^l W^l\right) \tag{6.2.5}$$

可以看到，GCN 的聚合操作考慮了鄰居節點的度，這可以緩解前面提到的基礎聚合操作中度少的節點的表示受其相連的度多的節點的表示影響過大的問題。

圖 6.8 展示了圖 6.6 所示的圖結構的第 1 個和第 5 個節點的聚合表示計算過程。

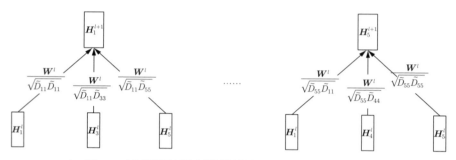

▲ 圖 6.8 圖卷積神經網路節點聚合表示計算過程示意圖

和卷積操作一樣，實際使用時，一般使用多組權重 W，並將多組權重獲得的表示結果進行拼接，作為最終的聚合結果。形式上，假定使用 K 組權重，則有

$$H_i^{l+1} = \|_{k=1}^K \sigma \left(\sum_j \frac{1}{\sqrt{\tilde{D}_{ii}\tilde{D}_{jj}}} \tilde{A}_{ij} H_j^l W_k^l \right)$$
(6.2.6)

2. 圖注意力網路

在圖注意力網路中，對於單一節點，將其表示作為查詢，鄰居節點的表示作為鍵和值，執行注意力操作的結果即該節點的聚合表示。圖 6.9 舉出了圖 6.6 所示的圖結構的第 3 個節點的聚合表示計算過程。由於第 3 個節點和第 1、2、4 個節點相連，而和第 5 個節點不相連，因此，第 3 個節點的聚合表示的計算不依賴第 5 個節點的表示。

正式地，第 i 個節點的聚合表示的計算步驟如下。

（1）獲得第 i 個節點的查詢，獲得和其相鄰的所有節點的鍵和值：

$$
\begin{aligned}
\boldsymbol{q}_i &= \boldsymbol{H}_i^l \boldsymbol{W}^l \\
\boldsymbol{k}_j &= \boldsymbol{H}_j^l \boldsymbol{W}^l \\
\boldsymbol{v}_j &= \boldsymbol{k}_j
\end{aligned}
\tag{6.2.7}
$$

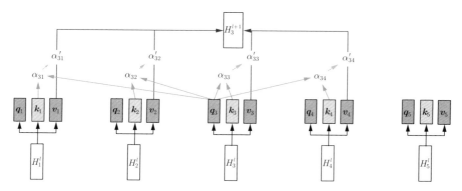

▲ 圖 6.9 圖注意力網路單一節點聚合表示計算過程示意圖

由於這裡採用了共用參數的線性映射對輸入表示進行變換，因此鍵和值是相同的向量。

（2）計算其和所有鄰居節點的相關性，每一對節點的相關性 α_{ij} 為

$$
\alpha_{ij} = a(\boldsymbol{q}_i, \boldsymbol{k}_j)
\tag{6.2.8}
$$

圖注意力網路使用了和前面介紹過的加性注意力類似的方法計算相關性。具體為：首先將查詢和鍵拼接起來，然後透過啟動函式為 LeakyReLU 的全連接神經網路進行變換，最後得到一個代表相關分數的實數。

（3）計算歸一化注意力得分：

$$
\alpha'_{ij} = \frac{\exp(\alpha_{ij})}{\sum_k \exp(\alpha_{ik})}
\tag{6.2.9}
$$

（4）以注意力得分為權重，對值進行加權求和，計算第 i 個節點的聚合表示：

$$H_i^{l+1} = \sigma \left(\sum_j \alpha'_{ij} \boldsymbol{v}_j \right) \qquad (6.2.10)$$

其中，σ 為啟動函式。

實際上，為了在更新過程中考慮不同方面的資訊，圖注意力網路使用了多頭注意力機制，即使用多組權重，對應多組查詢、鍵和值。因此，假定使用 K 組權重，則最終的聚合更新過程為

$$H_i^{l+1} = \|_{k=1}^K \sigma \left(\sum_j \alpha'^k_{ij} \boldsymbol{v}_j^k \right) \qquad (6.2.11)$$

其中，K 為注意力頭的數量。

6.2.2 單模態表示提取

單模態表示提取包含影像表示提取器和文字表示提取器。

影像表示提取器一般為物件辨識模型，其提取若干個區域的表示，記為 $\boldsymbol{X}^I = \{\boldsymbol{x}_1^I, \boldsymbol{x}_2^I, \cdots, \boldsymbol{x}_n^I\} \in \mathbb{R}^{n \times D_I}$，$n$ 為區域個數，D_I 為區域表示維度。為了方便區域表示維度和文字表示維度對齊，一般使用一個全連接層將區域表示進行映射，得到最終的視覺表示 $\boldsymbol{V} = \{\boldsymbol{v}_1, \boldsymbol{v}_2, \cdots, \boldsymbol{v}_n\}$。形式上，

$$\boldsymbol{v}_i = \boldsymbol{W}_f \boldsymbol{x}_i^I + b_f \qquad (6.2.12)$$

其中，$\boldsymbol{W}_f$ 和 b_f 為全連接層的參數。

文字表示提取器一般為雙向 GRU，每個詞的表示為前向和後向隱藏層表示的平均值。文字表示記為 $\boldsymbol{U} = \{\boldsymbol{u}_1, \boldsymbol{u}_2, \cdots, \boldsymbol{u}_m\} \in \mathbb{R}^{m \times D_T}$，$m$ 為詞個數，D_T 為詞表示維度。

6.2.3 單模態圖表示學習

1. 視覺圖的建構

影像中區域之間的關係對理解影像至關重要。舉例來說，當「人」和「足球」同時出現在一張圖片裡時，我們傾向於二者的關係為「踢」，那麼圖片的核心意思就是人踢足球。然而，如果「人」和「足球」之間的距離很遠，那麼二者的關係就可能發生變化，圖片也就代表其他意思。視覺圖正是一種顯示地建模影像區域間關係的方法。在視覺圖中，區域為節點，區域的表示為節點表示，區域之間的關係通常有空間關係和語義關係兩種類型。相應地，視覺圖也有空間圖和語義圖兩種形式。下面分別介紹。

空間圖可以顯式地建模影像區域間存在的空間關係。空間關係即兩個區域的相對位置，是區域之間最基礎的關係。下面介紹兩種常用的空間關係定義方式：相對極座標和交並比 (intersection-over-union,IoU)。

兩個區域框中心的相對極座標包含了兩個區域之間的距離和夾角關係。假定 (l_*^x, l_*^y), (r_*^x, r_*^y) 分別為第 $*$ 個區域框的左上角座標和右下角座標，為了方便計算相對極坐標，首先計算第 $*$ 個區域框的中心座標 (c_*^x, c_*^y) 和區域框的寬和高 (w_*^x, h_*^y)：

$$
\begin{aligned}
c_*^x &= \frac{l_*^x + r_*^x}{2} \\
c_*^y &= \frac{l_*^y + r_*^y}{2} \\
w_*^x &= r_*^x - l_*^x \\
h_*^y &= r_*^y - l_*^y
\end{aligned}
$$

(6.2.13)

那麼，第 i 個區域框和第 j 個區域框中心之間的距離 ρ_{ij} 和夾角 θ_{ij} 為

$$
\begin{aligned}
\rho_{ij} &= \sqrt{(c_j^x - c_i^x)^2 + (c_j^y - c_i^y)^2} \\
\theta_{ij} &= \arctan \frac{c_j^x - c_i^x}{c_j^y - c_i^y}
\end{aligned}
$$

(6.2.14)

在基於相對極座標的空間圖中，第 i 個區域和第 j 個區域間的連結被定義為距離和夾角的拼接結果，即

$$R_{ij} = \rho_{ij} || \theta_{ij} \tag{6.2.15}$$

兩個區域框之間的交並比包含了兩個區域的重疊關係。2.5.2 節已經介紹了其具體計算方法，這裡不再贅述。研究人員使用了不同的利用交並比建構空間圖的方式，例如在 CGMN 模型 [137] 中，第 i 個區域和第 j 個區域間的空間關係還考慮了區域視覺表示之間的距離，其連結被定義為

$$R_{ij} = \begin{cases} \text{cosine}(\boldsymbol{v}_i, \boldsymbol{v}_j) \times \text{IoU}_{ij}, & \text{IoU}_{ij} \geqslant \xi \\ 0, & \text{IoU}_{ij} < \xi \end{cases} \tag{6.2.16}$$

其中，ξ 為設定值，當兩個區域的交並比小於該值時，模型認為這兩個區域之間無關。

語義圖 基於區域視覺表示本身建模區域之間存在的語義關係。和空間圖這種帶有明顯先驗資訊的圖網路不同，語義圖僅基於區域視覺特徵本身挖掘區域之間潛在的關係。因此，相較於空間圖，語義圖中不需要引入任何額外的先驗資訊，其是一個包含了 $n(n\text{-}1)$ 條邊的全連接圖，每條邊的權重都隱含著兩個區域之間的關係。一般來說，語義圖中的第 i 個區域和第 j 個區域間的連結被定義為

$$R_{ij} = (\boldsymbol{W}_q \boldsymbol{v}_i)(\boldsymbol{W}_k \boldsymbol{v}_j)^\top \tag{6.2.17}$$

其中，$\boldsymbol{W}_q$ 和 $\boldsymbol{W}_k$ 為兩個線性變換的權重。

2. 文字圖的建構

根據是否引入先驗資訊，文字圖常被分為稀疏圖和稠密圖兩種形式。前者是在後者的基礎上，引入句子結構的先驗資訊獲得。下面分別介紹這兩種形式的文字圖。

稠密圖基於詞表示建模詞之間潛在的關係。在稠密圖中，句子中的每個詞為節點，詞表示為節點表示。第 i 個詞和第 j 個詞之間的連結可以簡單地被定義為兩個詞的表示的餘弦相似度，也可以被定義成歸一化的和所有鄰居的相似度，即

$$R_{ij} = \frac{\exp(\lambda \boldsymbol{u}_i^\top \boldsymbol{u}_j)}{\sum_{j=0}^m \exp(\lambda \boldsymbol{u}_i^\top \boldsymbol{u}_j)} \tag{6.2.18}$$

稀疏圖顯示地引入句子結構資訊。研究人員一般首先利用 Stanford CoreNLP 工具獲得句子的依存句法樹，然後將句子中的每個詞作為節點，詞與詞之間的依存關係作為邊建構圖，獲得鄰接矩陣。詞與詞之間的權重和稠密圖保持一致。

3. 圖表示學習

當完成視覺圖和文字圖的建構之後，就可以使用圖卷積神經網路和圖注意力網路等模型對影像和文字分別進行建模，學習影像和文字的圖神經網路表示。上述建構的視覺圖和文字圖包含了代表節點之間是否連接的鄰接矩陣 $\boldsymbol{A}$ 以及代表節點之間連接程度的連結矩陣 $\boldsymbol{R}$。然而，連結矩陣 $\boldsymbol{R}$ 在之前介紹的圖卷積神經網路和圖注意力網路的推導中並未出現。實際上，我們可以非常簡單地將連結矩陣嵌入圖神經網路模型中。

對於圖卷積神經網路而言，在聚合操作時，將節點之間的連接程度視為加權求和的權重即可。式 (6.2.5) 可以改寫為

$$\boldsymbol{H}_i^{l+1} = \sigma\left(\sum_j \frac{R_{ij}}{\sqrt{\tilde{D}_{ii}\tilde{D}_{jj}}} \tilde{A}_{ij} \boldsymbol{H}_j^l \boldsymbol{W}^l\right) \tag{6.2.19}$$

對於圖注意力網路而言，計算節點相關性時，在設計式 (6.2.8) 中的相關性函式 a 時，將 R_{ij} 也作為計算相關性的依據即可。

6.2.4 多模態圖對齊

當同時使用多種類型的視覺圖或文字圖時，可以取多種類型的圖所學的節點表示的平均值作為最終的節點表示。此時，影像和文字均為局部表示，因此，可以利用交叉注意力進行多模態對齊，並進行相關性計算。具體計算方法已經在 6.1.2 節中介紹，這裡不再贅述。這種局部的對齊是圖結構中節點等級的對齊。

多模態圖對齊往往還考慮圖等級的整體對齊，一般使用循環神經網路或使用多層感知機在節點表示的基礎上學習圖表示。基於循環神經網路的方法將所有節點當作序列中的節點，然後使用循環神經網路獲得其整體表示。基於多層感知機的方法將利用多層感知機對所有節點表示進行轉換，並對轉換之後的節點表示求和。在獲得圖文整體表示之後，可以利用 5.2.2 節中介紹的多模態 triplet 排序損失進行相關性計算。這種整體的對齊是圖結構中圖等級的對齊。

6.3 實戰案例：基於交叉注意力的跨模態檢索

5.3 節介紹了一個基於對應表示的跨模態檢索模型 VSE++ 的實現，該模型建模了圖文整體表示之間的連結。本節將介紹一個基於交叉注意力的跨模態檢索模型 SCAN 的實現，該模型建模了圖文更細粒度的局部表示之間的連結。下面還是按照 5.3.2 節中介紹的模型訓練流程介紹 SCAN 模型的具體實現。

6.3.1 讀取資料

和 VSE++ 相同，我們使用 Flickr8k 作為實驗資料集。5.3.3 節中已經介紹了其下載方式、劃分方法，這裡不再贅述。

1. 提取影像區域表示

資料集下載完成後，我們需要使用 bottom up attention 模型 [1] 提取影像區域表示。具體而言，我們對每張圖片提取 36 個檢測框特徵。安裝並配置好程式環

1　https://github.com/peteanderson80/bottom-up-attention

境後，將腳本 tools/generate_tsv.py 裡的 MIN_BOXES 和 MAX_BOXES 值均設定為 36，並在 load_image_ids 函式裡增加 Flickr8k 資料集的資訊。

```
elif split_name == 'flickr8k':
        data_dir = '../data/flickr8k/'
        with open(os.path.join(data_dir, 'dataset_flickr8k.json'), 'r') as j:
                data = json.load(j)
        for img in data['images']:
                img_path = os.path.join(data_dir, 'images', img['filename'])
                split.append((img_path, img['imgid']))
```

然後使用下面的命令取出圖片表徵（注意，根據自己機器的配置更改 GPU 資訊）：

```
./tools/generate_tsv.py --gpu 0,1,2,3 \
        --cfg   experiments/cfgs/faster_rcnn_end2end_resnet.yml \
        --def   models/vg/ResNet-101/faster_rcnn_end2end_final/test.prototxt   \
        --out   resnet101_faster_rcnn_flickr8k.tsv   \
        --net data/faster_rcnn_models/resnet101_faster_rcnn_final.caffemodel \
        --split flickr8k
```

接著，呼叫指令稿裡的 merge_tsvs 函式，合併多個 GPU 的影像特徵檔案，並將結果複製至 config 的 data_dir 目錄下。

最後，解析取出的影像特徵檔案，將每張圖片的 36 個檢測框特徵儲存為單一 npy 格式檔案，並將檔案路徑記錄在資料 json 檔案中。為了後續的資料分析，將檢測框的位置資訊也以 npy 格式儲存。json 檔案中的路徑僅儲存檔案名稱首碼，加上副檔名「.npy」為影像特徵，加上副檔名「.box.npy」為檢測框特徵。具體實現如下。

```
import base64
import csv
import json
import numpy as np
import os
import sys
```

（接下頁）

（接上頁）

```python
csv.field_size_limit(sys.maxsize)

def resort_image_feature(dataset='flickr8k'):
    karpathy_json_path = '../data/%s/dataset_flickr8k.json' % dataset
    image_feature_path = '../data/%s/bottom_up_feature.tsv' % dataset
    feature_folder = '../data/%s/image_box_features' % dataset
    if not os.path.exists(feature_folder):
        os.mkdir(feature_folder)

    with open(karpathy_json_path, 'r') as j:
        data = json.load(j)
    img_id2filename = {img['imgid']:img['filename'] for img in data['images']}

    imgid2feature = {}

    imgid2box = {}
    FIELDNAMES = ['image_id', 'image_h', 'image_w', 'num_boxes', 'boxes',
'features']
    with open(image_feature_path, 'r') as tsv_in_file:
        reader = csv.DictReader(tsv_in_file, delimiter='\t', fieldnames =
FIELDNAMES)
        for item in reader:
            item['image_id'] = int(item['image_id'])
            item['image_h'] = int(item['image_h'])
            item['image_w'] = int(item['image_w'])
            item['num_boxes'] = int(item['num_boxes'])
            for field in ['boxes', 'features']:
                buf = base64.b64decode(item[field])
                temp = np.frombuffer(buf, dtype=np.float32)
                item[field] = temp.reshape((item['num_boxes'],-1))

            imgid2feature[item['image_id']] = item['features']
            imgid2box[item['image_id']] = item['boxes']

            feat_file = os.path.join(feature_folder, img_id2filename[item['image_
id → ']]+'.npy')
            np.save(feat_file, item['features'])
```

（接下頁）

（接上頁）

```
            box_file = os.path.join(feature_folder, img_id2filename[item['image_
id']]+ → '.box.npy')
            np.save(box_file, item['boxes'])

resort_image_feature()
```

　　在呼叫該函式生成需要的格式的資料集檔案之後，可以展示其中一筆資料，簡單驗證一下資料的格式是否和我們預想的一致。

```
%matplotlib inline
import json
import numpy as np
from matplotlib import pyplot as plt
from PIL import Image
# 讀取詞典和驗證集
with open('../data/flickr8k/vocab.json', 'r') as f:
    vocab = json.load(f)
vocab_idx2word = {idx:word for word,idx in vocab.items()}
with open('../data/flickr8k/val_data.json', 'r') as f:
data = json.load(f)

# 展示第 20 張圖片和 36 個區域，其對應的文字描述序號是 100 ～ 104
content_img = Image.open(data['IMAGES'][20])
for i in range(5):
    word_indices  =  data['CAPTIONS'][20*5+i]
    print(' '.join([vocab_idx2word[idx] for idx in word_indices]))

fig = plt.imshow(content_img)
feats = np.load(data['IMAGES'][20].replace('images','image_box_features')+'.box.
npy')
for i in range(feats.shape[0]):
    bbox = feats[i,:]
    fig.axes.add_patch(plt.Rectangle(
            xy=(bbox[0], bbox[1]), width=bbox[2]-bbox[0], height=bbox[3]-bbox[1],
            fill=False, linewidth=1))
```

```
<start> a black dog is looking through the fence <end>
<start> a brown dog runs along a fence <end>
<start> a dark brown dog is running along a fence outside <end>
<start> a large black dog runs along a fence in the grass <end>
<start> the brown greyhound dog walks on green grass and looks through a fence <end>
```

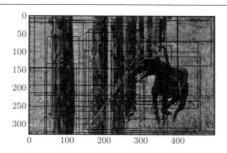

2. 定義資料集類別

按照慣例，在準備好的資料集的基礎上，需要進一步定義 PyTorch Dataset 類別，以使用 PyTorch DataLoader 類別按批次產生資料。具體方法還是繼承 torch.utils.data.Dataset 類別，並實現 __getitem__ 和 __len__ 兩個函式。

```python
from argparse import Namespace
import numpy as np import torch
import torch.nn as nn
from  torch.nn.utils.rnn  import  pack_padded_sequence
from torch.utils.data import Dataset
import torchvision
import torchvision.transforms as transforms


class ImageBoxTextDataset(Dataset):
    """
    PyTorch 資料類別，用於 PyTorch DataLoader 來按批次產生資料
    """

    def  init (self, dataset_path, vocab_path, split,
                captions_per_image=5, max_len=30):
        """
        參數：
```

（接下頁）

（接上頁）

```
                dataset_path：json 格式資料檔案路徑
                vocab_path：json 格式詞典檔案路徑
                split：train、val、test
                captions_per_image：每張圖片對應的文字描述數
                max_len：文字描述包含的最大單字數
        """
        self.split = split
        assert self.split in {'train', 'val', 'test'}
        self.cpi = captions_per_image
        self.max_len = max_len
        # 載入資料集
        with open(dataset_path, 'r') as f:

                self.data = json.load(f)
        # 載入詞典
        with open(vocab_path, 'r') as f:
                self.vocab = json.load(f)

        # 資料量
        self.dataset_size = len(self.data['CAPTIONS'])

def  getitem (self, i):
        # 第 i 個文字描述對應第 (i // captions_per_image) 張圖片
        feat_path = self.data['IMAGES'][i // self.cpi].replace('images','image_
        box_features')+'.npy'
        img = torch.Tensor(np.load(feat_path))
        caplen  =  len(self.data['CAPTIONS'][i])
        pad_caps = [self.vocab['<pad>']] * (self.max_len + 2 - caplen)
        caption  =  torch.LongTensor(self.data['CAPTIONS'][i]+  pad_caps)

        return img, caption, caplen

def   len  (self):
return self.dataset_size
```

3. 批次讀取資料

利用剛才建構的資料集類別，借助 DataLoader 類別建構能夠按批次產生訓練、驗證和測試資料的物件。這裡由於影像表示是預先提取的，因此不需要對圖像資料進行增強操作。

```python
def mktrainval(data_dir, vocab_path, batch_size, workers=4):
    train_set  = ImageBoxTextDataset(os.path.join(data_dir,  'train_data.json'),
                                     vocab_path, 'train')
    valid_set = ImageBoxTextDataset(os.path.join(data_dir, 'val_data.json'),
                                    vocab_path, 'val')
    test_set  = ImageBoxTextDataset(os.path.join(data_dir,  'test_data.json'),
                                    vocab_path, 'test')

train_loader = torch.utils.data.DataLoader(
    train_set, batch_size=batch_size, shuffle=True,
    num_workers=workers, pin_memory=True)

valid_loader = torch.utils.data.DataLoader(
    valid_set, batch_size=batch_size, shuffle=False,
    num_workers=workers, pin_memory=True, drop_last=False)
# 因為測試集不需要打亂資料順序，故將 shuffle 設定為 False
    test_loader  = torch.utils.data.DataLoader(
            test_set, batch_size=batch_size, shuffle=False,
            num_workers=workers, pin_memory=True, drop_last=False)

return train_loader, valid_loader, test_loader
```

6.3.2 定義模型

SCAN 模型由影像表示提取器和文字表示提取器組成，二者提取影像中的每個區域和文字中的每個詞的表示。

1. 影像表示提取器

我們僅需要在影像特徵基礎上增加一個全連接層，以輸出符合對應表示空間維度的影像編碼。影像區域輸入特徵的形狀為（batch_size,36,2048）。由於

PyTorch 中的全連接層實現 nn.Linear 預設對最後一個維度執行變換，因此，這裡並不需要對輸入特徵的形狀進行特殊的處理。需要注意的是，這裡也對影像表示進行了長度歸一化，歸一化時需要指定維度。

```python
class ImageRepExtractor(nn.Module):
    def init (self, img_feat_dim, embed_size):
        super(ImageRepExtractor, self). init ()
        self.fc = nn.Linear(img_feat_dim, embed_size)

    def forward(self, x):
        out = self.fc(x)
out = nn.functional.normalize(out, dim=-1)
return out
```

2. 文字表示提取器

SCAN 使用雙向 GRU 模型作為文字表示提取器，它的輸入層為詞嵌入形式，詞的表示為其對應的前向和後向的最後一個隱藏層輸出的平均值。詞表示的維度也進行了長度歸一化。

```python
class TextRepExtractor(nn.Module):
    def init (self, vocab_size, word_dim, embed_size, num_layers):
        super(TextRepExtractor, self). init ()
        self.embed_size = embed_size
        self.embed = nn.Embedding(vocab_size, word_dim)
        self.rnn = nn.GRU(word_dim, embed_size, num_layers,
            batch_first=True, bidirectional=True)

        self.init_weights()

    def init_weights(self):
        self.embed.weight.data.uniform_(-0.1, 0.1)

    def forward(self, x, lengths):
        x = self.embed(x)
        packed = pack_padded_sequence(x, lengths, batch_first=True) # 壓縮掉填充值
        out, _ = self.rnn(packed)
```

（接下頁）

（接上頁）

```
padded = pad_packed_sequence(out, batch_first=True) # 填充回來

# 雙向 RNN，隱藏層的最後一個維度的大小為 2*embed_size，每個詞的表示為（正向 + 後
# 向）/ 2
# 注意：句子長度會縮小到 x 中最長句子的長度
cap_emb, _ = padded
cap_emb = (cap_emb[:,:,:cap_emb.size(2)//2] + \
cap_emb[:,:,cap_emb.size(2)//2:])/2
out = nn.functional.normalize(cap_emb, dim=-1)
return out
```

3. SCAN 模型

　　和 VSE++ 模型一樣，有了影像表示提取器和文字表示提取器，就可以建構 SCAN 模型了。這裡同樣需要注意要先按照文字的長短對資料進行排序，且為了評測模型時能夠對齊影像和文字資料，需要恢復資料原始的輸入順序。

```
class SCAN(nn.Module):
    def  init (self, vocab_size, word_dim, embed_size, num_layers, img_feat_dim):
        super(SCAN, self). init ()
        self.image_encoder = ImageRepExtractor(img_feat_dim, embed_size)
        self.text_encoder = TextRepExtractor(vocab_size, word_dim,
                                    embed_size, num_layers)

    def forward(self, images, captions, cap_lens):
        # 按照 caption 的長短排序，並對照調整 image 的順序
        sorted_cap_lens, sorted_cap_indices = torch.sort(cap_lens, 0, True)
        images = images[sorted_cap_indices]
        captions = captions[sorted_cap_indices]
        cap_lens = sorted_cap_lens

        image_code = self.image_encoder(images)
        text_code = self.text_encoder(captions, cap_lens)
        if not self.training:
            # 恢復資料原始的輸入順序
            _, recover_indices = torch.sort(sorted_cap_indices)
```

（接下頁）

（接上頁）

```
                image_code = image_code[recover_indices]
                text_code  = text_code[recover_indices]
        return image_code, text_code
```

6.3.3 定義損失函式

和 VSE++ 模型一樣，SCAN 模型也採用了線上挖掘困難樣本的 triplet 損失函式。二者的不同之處在於影像和文字相關分數的計算方式。

SCAN 模型使用的是 6.1.2 節中介紹的基於交叉注意力的相關性計算方法。具體而言，首先需要利用交叉注意力計算影像或文字經過跨模態對齊之後的局部表示，然後計算對齊前後局部表示之間的餘弦相似度，最後使用累積函式綜合局部相似度求得圖文具體的匹配得分。SCAN 模型嘗試了以影像為查詢和以文字為查詢的兩種形式的交叉注意力，下面將首先介紹通用注意力函式的實現，然後分別介紹這兩種形式的交叉注意力。本部分程式實現參照了 SCAN 模型的作者發佈的原始程式[1]。

1. 注意力函式

不管是以影像為查詢還是以文字為查詢，都需要首先實現一個通用的計算注意力的函式。通用的注意力函式利用 3 個輸入 Q、K 和 V，輸出可以視為用 V 表示 Q 的結果。具體實現上，該函式包含 3 個步驟：選取 Q 和 K 的連結方式並計算注意力相關性分數；歸一化 Q 和 K 的相關性分數；以相關性分數作為 V 的權重，計算輸出。在跨模態注意力中，Q 是一個模態，K 和 V 是另一個模態。

```
def func_attention(query, key_value, smooth, func_attn_score='plain'):
    """
    Q K V：Q 和 K 算出相關性得分，作為 V 的權重，K=V
    參數：
            query: 查詢 (batch_size, n_query, d)
            key_value: 鍵和值，(batch_size, n_kv, d)
```

（接下頁）

---

1 https://github.com/kuanghuei/SCAN

（接上頁）

```python
"""
batch_size, n_query = query.size(0), query.size(1)
n_kv = key_value.size(1)

# 計算 query 和 key 的相關性，實現 a 函式
# query^T: (batch_size, d, n_query)
queryT = torch.transpose(query, 1, 2)
# (batch_size, n_kv, d)(batch_size, d, n_query)
# => attn: (batch_size, n_kv, n_query)
attn = torch.bmm(key_value, queryT)
if func_attn_score == "plain":
        pass
elif func_attn_score == "softmax":
        attn = nn.Softmax(dim=2)(attn)
elif func_attn_score == "l2norm":
        attn = nn.functional.normalize(attn, dim=2)
elif func_attn_score == "clipped":
        attn = nn.LeakyReLU(0.1)(attn)
elif func_attn_score == "clipped_l2norm":
        attn = nn.LeakyReLU(0.1)(attn)
        attn = nn.functional.normalize(attn, dim=2)
else:
        raise ValueError("unknown function for attention score:", func_attn_score)
# 歸一化相關性分數
# (batch_size, n_query, n_kv)
attn = torch.transpose(attn, 1, 2).contiguous()
# (batch_size*n_query, n_kv)
attn = attn.view(batch_size*n_query, n_kv) attn = nn.Softmax(dim=1)(attn*smooth)
# (batch_size, n_query, n_kv)
attn = attn.view(batch_size, n_query, n_kv)
# (batch_size, n_kv, n_query)
attnT = torch.transpose(attn, 1, 2).contiguous()
# 計算輸出
# (batch_size, d, n_kv)
key_valueT = torch.transpose(key_value, 1, 2)
# (batch_size x d x n_kv)(batch_size x n_kv x n_query) # => (batch_size, d, n_query)
output = torch.bmm(key_valueT, attnT)
```

（接下頁）

（接上頁）

```
    # --> (batch_size, n_query, d)
    output = torch.transpose(output, 1, 2)

    return output, attnT
```

2. 交叉注意力

SCAN 模型嘗試了兩種形式的交叉注意力：影像 - 文字交叉注意力和文字 - 影像注意力。其中，影像 - 文字跨模態注意力是以影像模態為查詢，文字模態為鍵和值的交叉注意力。而文字 - 影像跨模態注意力是以文字模態為查詢，影像模態為鍵和值的交叉注意力。

對於交叉注意力計算過程中涉及的累積函式，SCAN 模型也嘗試了兩種形式：一是平均值函式；二是可看作平滑 max 函式的 LogSumExp 函式。這裡實際使用的是附帶超參數 λ_{lse} 的 LogSumExp 函式，即 $\log(\sum_{i=1}^{n} e^{\lambda_{lse} x_i})/\lambda_{lse}$。$\lambda_{lse}$ 可以控制函式的精確程度，顯然，由於指數函式越到後面變化幅度越大，因此 λ_{lse} 設定值越大，LogSumExp 越逼近 max 函式，λ_{lse} 設定值越小，LogSumExp 越平滑。

下面的函式舉出了交叉注意力的具體實現。

```
def xattn_score(images, captions, cap_lens, config):
    """
    參數：
            images: (batch_size, n_regions, d)
            captions: (batch_size, max_n_words, d)
            cap-lens: (batch_size) array of caption lengths
    """

    similarities = [] n_image = images.size(0)
    n_caption = captions.size(0)
    for i in range(n_caption):
            # 獲得第 i 條文字描述
            n_word = cap_lens[i]
            cap_i = captions[i, :n_word, :].unsqueeze(0).contiguous()
            # 將第 i 條文字複製至 n_image 份
```

（接下頁）

（接上頁）

```python
            # (n_image, n_word, d)
            cap_i_expand = cap_i.repeat(n_image, 1, 1)
            if config.cross_attn == 'i2t':
                """
                        影像 - 文字交叉注意力：用文字中的詞表示影像中的每個區域，
                        所有圖片的所有區域用當前文字表示
                        images(query): (n_image, n_region, d)
                        cap_i_expand(key_value): (n_image, n_word, d)
                        align_feature: (n_image, n_region, d)
                """
                align_feature, _ = func_attention(images, cap_i_expand,
                                                  config.lambda_softmax,
                                                  config.func_attn_score)
        # 當前文字和圖片的相關度
        # (n_image, n_region)
        row_sim = nn.functional.cosine_similarity(images, align_feature, dim=2)
elif config.cross_attn == 't2i':
        """
                文字 - 影像交叉注意力：用影像表示文字中的每個詞，
                當前文字中的詞用所有圖片表示
                cap_i_expand(query): (n_image, n_word, d)
                images(key_value): (n_image, n_regions, d)
                align_feature: (n_image, n_word, d)
        """
        align_feature, _ = func_attention(cap_i_expand, images,
                                          config.lambda_softmax,
                                          config.func_attn_score)
        # 當前文字和圖片的相關度
        # (n_image, n_word)
        row_sim = nn.functional.cosine_similarity(
                cap_i_expand, align_feature, dim=2)
        else:
                raise ValueError("unknown cross attention type: " + config.cross_attn)
        # 累計函式
        if config.agg_func == 'LSE':
                row_sim = torch.logsumexp(row_sim.mul_(config.lambda_lse),
```

（接下頁）

（接上頁）

```
                            dim=1, keepdim=True) / config.lambda_lse
        elif config.agg_func == 'AVG':
                row_sim = row_sim.mean(dim=1, keepdim=True)
        else:
                raise ValueError("unknown aggfunc: {}".format(config.agg_func))
        similarities.append(row_sim)

# (n_image, n_caption)
similarities = torch.cat(similarities, 1)
return similarities
```

3. 困難樣本挖掘的 triplet 損失函式

和 VSE++ 模型中使用的損失函式的唯一區別在於，圖文連結分數的計算採用了交叉注意力方法。

```
class XAttnTripletNetLoss(nn.Module):
    def  init (self, config, margin=0.2, hard_negative=False):
            super(XAttnTripletNetLoss, self). init ()
            self.config = config
            self.margin = margin
            self.hard_negative = hard_negative


def forward(self, ie, te, tl):
    # 和 VSE++ 模型唯一的區別在於圖文連結分數的計算
    scores = xattn_score(ie, te, tl, self.config)
    diagonal = scores.diag().view(ie.size(0), 1)
    d1 = diagonal.expand_as(scores)
    d2  =  diagonal.t().expand_as(scores)

    # 影像為錨
    cost_i = (self.margin + scores - d1).clamp(min=0)
    # 文字為錨
    cost_t = (self.margin + scores - d2).clamp(min=0)

    # 損失矩陣對角線上的值不參與計算
```

（接下頁）

（接上頁）

```
mask = torch.eye(scores.size(0), dtype=torch.bool)
I = torch.autograd.Variable(mask)
if torch.cuda.is_available():
        I = I.cuda()
cost_i = cost_i.masked_fill_(I, 0)
cost_t = cost_t.masked_fill_(I, 0)

# 找困難樣本
if self.hard_negative:
        cost_i = cost_i.max(1)[0]
        cost_t = cost_t.max(0)[0]
return cost_i.sum() + cost_t.sum()
```

6.3.4 選擇最佳化方法

這裡選用 Adam 最佳化演算法更新模型參數，學習速率採用分段衰減方法。

```
def get_optimizer(model, config):
    params = filter(lambda p: p.requires_grad, model.parameters())
    return  torch.optim.Adam(params=params,  lr=config.learning_rate)

def adjust_learning_rate(optimizer, epoch, config):
    """ 每隔 lr_update 個輪次，學習速率減小至當前十分之一 """
    lr = config.learning_rate * (0.1 ** (epoch // config.lr_update))
    for param_group in optimizer.param_groups:
            param_group['lr'] = lr
```

6.3.5 評估指標

這裡同樣使用跨模態檢索中最常用的評估指標 Recall@K。

首先利用 SCAN 模型計算影像和文字編碼，然後直接計算所有影像編碼和所有文字編碼之間的相似度得分，最後利用得分排序計算 Recall@K。需要注意的是，這裡的圖文編碼間的相似度得分是基於交叉注意力計算得到的，計算複雜度較高，需要在 GPU 上執行。然而，GPU 無法一次性儲存所有的測試資料，因此需要分塊計算相似度得分，具體實現細節見函式 calc_score。

```python
import math

def evaluate(data_loader, model, batch_size, config):
    # 模型切換進入評估模式
    model.eval()
    device = next(model.parameters()).device
    max_len = config.max_len + 2
    N = len(data_loader.dataset)
    image_codes = torch.zeros((N, config.max_boxes, config.embed_size))
    text_codes = torch.zeros((N, max_len, config.embed_size))
    cap_lens = []

    for i, (imgs, caps, caplens) in enumerate(data_loader):
    with torch.no_grad():
            image_code, text_code = model(imgs.to(device), caps.to(device),
caplens)
            # 將圖文對應表示存到 numpy 陣列中，gpu 一般無法儲存全部資料，
            # 因此先儲存至系統記憶體中
            st = i*batch_size
            ed = (i+1)*batch_size
            image_codes[st:ed] = image_code.data.cpu()
            text_codes[st:ed,:text_code.size(1),:] = text_code.data.cpu()
            cap_lens.extend(caplens)
    res = calc_recall(image_codes, text_codes, cap_lens, config)
    # 模型切換回訓練模式
    model.train()
    return res

def calc_score(image_codes, text_codes, cap_lens, config):
    # 分塊計算圖文相似度得分，這裡每次計算 500 張圖片和 1000 條文字的相似度得分
    image_bs = 500
    text_bs = 1000
    image_num = image_codes.size(0)
    text_num = text_codes.size(0)
    n_image_batch = math.ceil(image_num / float(image_bs))
```

（接下頁）

（接上頁）

```
        n_text_batch = math.ceil(text_num / float(text_bs))
        scores = []
        for i in range(n_text_batch):
                text_code = text_codes[i*text_bs:min((i+1)*text_bs,text_num)].cuda()
                tmp_scores = []
                for j in range(n_image_batch):
                        image_code = image_codes[j*image_bs:min((j+1)*image_
bs,image_num)].cuda()
                        tmp_scores.append(xattn_score(image_code, text_code, cap_
lens, config))
                # n_text_batch 個 (image_bs, text_bs) 矩陣區塊，拼接成矩陣 (image_num,
text_bs)
                # 最終在 cpu 上計算 recall
                scores.append(torch.cat(tmp_scores, 0).cpu())
        scores = torch.cat(scores, 1).numpy()
        return scores

def calc_recall(image_codes, text_codes, cap_lens, config):
        # 之所以可以每隔固定數量取圖片，是因為前面對圖文資料對輸入順序進行了還原
        cpi = config.captions_per_image
        image_codes = image_codes[::cpi]
        scores = calc_score(image_codes, text_codes, cap_lens, config)
        # 以圖檢文：按行從大到小排序
        sorted_scores_indices = (-scores).argsort(axis=1)
        (n_image, n_text) = scores.shape
        ranks_i2t = np.zeros(n_image)
        for i in range(n_image):
                # 一張圖片對應 cpi 筆文字，找到排名最靠前的文字位置
                min_rank = 1e10
                for j in range(i*cpi,(i+1)*cpi):
                        rank = list(sorted_scores_indices[i,:]).index(j)
                        if min_rank > rank:
                                min_rank = rank
                ranks_i2t[i] = min_rank
        # 以文檢圖：按列從大到小排序
        sorted_scores_indices = (-scores).argsort(axis=0)
        ranks_t2i = np.zeros(n_text)
```

（接下頁）

（接上頁）

```
        for i in range(n_text):
                rank  =  list(sorted_scores_indices[:,i]).index(i//cpi)
                ranks_t2i[i] = rank
        # 最靠前的位置小於 k，即 recall@k
        r1_i2t = 100.0 * len(np.where(ranks_i2t<1)[0]) / n_image
        r1_t2i = 100.0 * len(np.where(ranks_t2i<1)[0]) / n_text
        r5_i2t = 100.0 * len(np.where(ranks_i2t<5)[0]) / n_image
        r5_t2i = 100.0 * len(np.where(ranks_t2i<5)[0]) / n_text
        r10_i2t = 100.0 * len(np.where(ranks_i2t<10)[0]) / n_image
        r10_t2i = 100.0 * len(np.where(ranks_t2i<10)[0]) / n_text
        return r1_i2t, r1_t2i, r5_i2t, r5_t2i, r10_i2t, r10_t2i
```

6.3.6 訓練模型

和 VSE++ 模型一樣，訓練模型過程還是分為讀取資料、前饋計算、計算損失、更新參數、選擇模型 5 個步驟。

```
config = Namespace(
        captions_per_image = 5,
        max_len = 30,
        max_boxes = 36,
        batch_size = 128,
        word_dim = 300,
        embed_size = 1024,
        num_layers = 1,
        img_feat_dim = 2048,
        learning_rate = 0.0005,
        lr_update = 10,
        margin = 0.2, hard_negative = True, num_epochs = 30,
        grad_clip = 2,
        evaluate_step = 60, checkpoint = None,
        best_checkpoint = '../model/scan/best_flickr8k.pth.tar',
        last_checkpoint  =  '../model/scan/last_flickr8k.pth.tar',
        func_attn_score  =  'clipped_l2norm',  # plain|softmax|clipped|l2norm|clipped_
l2norm
        agg_func = 'LSE', # LSE|AVG
```

（接下頁）

（接上頁）

```python
        cross_attn = 't2i', # t2i|i2t
        lambda_lse = 6,
        lambda_softmax = 9
)

os.environ['CUDA_VISIBLE_DEVICES'] = '0'
device = torch.device("cuda" if torch.cuda.is_available() else "cpu")

# 資料
data_dir    = '../data/flickr8k/'
vocab_path    = '../data/flickr8k/vocab.json'
train_loader, valid_loader, test_loader = mktrainval(data_dir,vocab_path,config.batch_
size)
# 模型
with open(vocab_path, 'r') as f:
        vocab = json.load(f)
model = SCAN(len(vocab),
                config.word_dim,
                config.embed_size,
                config.num_layers,
                config.img_feat_dim)
model.to(device)
model.train()

# 損失函式
loss_fn = XAttnTripletNetLoss(config, config.margin, True)

# 最佳化器
optimizer = get_optimizer(model, config)

start_epoch = 0
best_res = 0 print(" 開始訓練！")
for epoch in range(start_epoch, config.num_epochs):
        adjust_learning_rate(optimizer, epoch, config)
        for i, (imgs, caps, caplens) in enumerate(train_loader):
                optimizer.zero_grad()
```

（接下頁）

（接上頁）

```
            imgs = imgs.to(device)
            caps = caps.to(device)

        image_code, text_code = model(imgs, caps, caplens)
        loss = loss_fn(image_code, text_code, caplens)
        loss.backward()

        # 梯度截斷
        if config.grad_clip > 0:
                nn.utils.clip_grad_norm_(model.parameters(), config.grad_clip)
        optimizer.step()
        state = {
                'epoch': epoch,
                'step': i, 'model': model,
                'optimizer': optimizer
        }

        if (i+1) % config.evaluate_step == 0:
                r1_i2t, r1_t2i, r5_i2t, r5_t2i, r10_i2t, r10_t2i = \
                        evaluate(valid_loader, model, config.batch_size, config)
                recall_sum = r1_i2t + r1_t2i + r5_i2t + r5_t2i + r10_i2t + r10_t2i
                if best_res < recall_sum:
                        best_res = recall_sum
                torch.save(state, config.best_checkpoint)
        torch.save(state, config.last_checkpoint)
        print('''epoch: %d, step: %d, loss: %.2f,
                I2T R@1: %.2f, T2I R@1: %.2f,
                I2T R@5: %.2f, T2I R@5: %.2f,
                I2T R@10: %.2f, T2I R@10: %.2f,''' %
                (epoch, i+1, loss.item(),
                        r1_i2t, r1_t2i, r5_i2t, r5_t2i, r10_i2t, r10_t2i))

checkpoint = torch.load(config.best_checkpoint)
model = checkpoint['model']
r1_i2t, r1_t2i, r5_i2t, r5_t2i, r10_i2t, r10_t2i = \
        evaluate(test_loader, model, config.batch_size, config)
print("Evaluate on the test set with the model \
```

（接下頁）

（接上頁）

```
            that has the best performance on the validation set")
print('Epoch: %d, \
        I2T R@1: %.2f, T2I R@1: %.2f, \
        I2T R@5: %.2f, T2I R@5: %.2f, \
        I2T R@10: %.2f, T2I R@10: %.2f' %
        (checkpoint['epoch'], r1_i2t, r1_t2i, r5_i2t, r5_t2i, r10_i2t, r10_t2i))
```

執行這段程式完成訓練，最後一行會輸出在驗證集上表現最好的模型在測試集上的結果，具體如下。

```
Epoch: 26, I2T R@1: 41.60, T2I R@1: 29.56, I2T R@5: 71.30, T2I R@5: 59.34,
            I2T R@10: 82.90, T2I R@10: 72.24
```

可以看到，和之前實現的 VSE++ 模型相比，SCAN 模型在跨模態檢索任務上的表現更優。舉例來說，在以圖檢文和以文檢圖任務上，SCAN 模型分別獲得了 41.6 和 29.56 的 Recall@1 值，而 VSE++ 模型獲得的 Recall@1 值分別為 22.20 和 17.30。

6.4 小結

本章介紹了常用的多模態對齊方法。首先，介紹了基於注意力的多模態對齊方法，包括交叉注意力操作以及利用其計算圖文相關性的方法。這是注意力在多模態領域最基礎的使用方式，之後會被頻繁地應用於各種涉及注意力的多模態模型中。然後，介紹了基於圖神經網路的多模態對齊方法，其重要特點是顯式為影像模態和文字模態分別建立圖結構的表示，然後在圖結構上挖掘圖文多模態的對齊關係。最後，介紹了一個使用基於注意力的多模態對齊方法進行跨模態檢索任務的實戰案例，使得讀者可以深入了解交叉注意力在多模態資訊處理中的直接作用。

6.5 習題

1. 對照 6.1.1 節中介紹的交叉注意力的影像輸出序列的計算流程,寫出文字輸出序列的具體計算流程。

2. 當同時給定影像模態和文字模態的整體表示和局部表示時,設計一個基於交叉注意力的圖文相關性計算方案。

3. 闡述圖神經網路在多模態對齊中的作用。

4. 分析使用圖神經網路和 transformer 進行單模態表示學習的區別。

5. 給 6.3 節中介紹的 SCAN 模型的實現增加交叉注意力視覺化模組,以視覺化圖文的局部連結。

6. 在 6.3 節中介紹的 SCAN 模型的損失函式的基礎上增加基於整體表示的損失項(和 VSE++ 相同的損失函式),對比增加該損失項前後的跨模態檢索結果。

多模態融合

　　多模態融合是整合多個模態資訊形成統一的表示或決策的技術。在深度學習方法出現之前，多模態融合技術一般按照融合時機的不同被歸納為 3 類：早期融合、後期融合和混合融合。早期融合方法首先使用拼接等較為簡單的操作整合各個模態的表示為統一向量或矩陣，然後利用機器學習模型完成目標任務。後期融合首先利用每個模態的資料單獨建構模型，完成單模態的分析或判別，然後透過簡單統計或機器學習模型方法融合各個模態的分析或判別結果形成最終的結果。同時在早期和後期進行融合就形成了混合融合。

　　由於深度學習方法在處理各個模態資料時所使用的結構都以神經網路為基礎，即卷積、循環、注意力，模型參數都可以透過反向傳播演算法求解，多模態模型大多可以點對點的方式進行訓練，因此，融合可以天然地發生在多層網路的任意層次，融合時機不再是研究的重點。於是，基於深度學習的多模態融合技術更加關注具體的融合方式。

早期的工作一般使用線性方式融合多模態，即使用拼接、逐位元相加、加權求和、逐位元相乘等簡單操作整合多個模態的表示。實際上，5.1 節中所介紹的共用表示學習技術就是一種典型的多模態融合方式。共用表示中，影像和文字都被表示為單一的多維向量，在分別被多層神經網路映射到高層表示空間後，透過拼接方式形成整體表示，最後透過全連接層學習融合表示。同理，Ren 等 [52] 描述了若干模型將影像表示視作一個視覺單字，然後將其拼接在文字序列的最前面得到一個混合序列，最後使用 LSTM 對該混合序列進行編碼，並將 LSTM 輸出的全域表示視作多模態融合表示。Neural-Image-QA[62] 將影像整體表示和文字中的每個詞的表示拼接，然後使用 LSTM 編碼拼接後的文字序列，並將 LSTM 輸出的全域表示視作多模態融合表示。使用 LSTM 獲取融合表示的工作還有用於指代表達理解和生成任務的 MMI[41]。這種多模態表示本質上是影像和文字表示在對應維度上組合的結果，其獲取方式較為簡單，不包含或僅包含少量參數，表示的元素之間互動不夠充分，不足以應對需要融合圖文細粒度資訊的場景。

為了更加充分地融合圖文表示，2016 年，研究者開始使用雙線性融合方法。和線性融合方法僅建模影像表示元素與文字表示元素對應位置的連結不同，雙線性融合方法使用外積操作融合影像和文字表示，建模了視覺表示元素與文字表示元素間的兩兩連結。但是，直接建模這種兩兩連結會導致平方級的參數規模，因此雙線性融合的性能常會受到機器運算資源的限制。後來，MCB[140]、MLB[141]、MFB[142]、MUTAN[143]、MFH[144]、BLOCK[145] 等模型被相繼提出，在減少參數規模並降低計算消耗的同時，保持或提高了多模態融合的性能，並應用於視覺問答任務中。

注意力在自然語言處理領域的成功應用使得研究人員開始利用注意力進行多模態融合。一個最直接的方法是直接將交叉注意力對齊後的表示當作融合表示或使用拼接、相加、逐位元相乘等簡單操作將交叉注意力對齊前後的表示融合。為了進一步加深融合程度，隨後很多工作都多次迭代地使用交叉注意力建模多模態資料之間的多階連結。舉例來說，QRU[132]、SAN[133] 和 r-DAN[63] 都是在每一次使用交叉注意力進行跨模態對齊之後，維護一個多模態融合向量作為查詢，繼續執行跨模態對齊操作。之後，隨著 transformer 模型的出現和成功，用於多模態融合的交叉 transformer 也成為基於注意力的多模態融合方法的主流模型。舉例來說，用於視覺問答任務的 MCAN[146]、DFAF[147]，以及絕大多數多模態預訓練模型都使用交叉 transformer 融合多模態資料。

本章將介紹上述方法中的兩類細粒度的多模態融合方法：基於雙線性融合的方法和基於注意力的方法。

7.1 基於雙線性融合的方法

雙線性池化是一種計算兩個向量外積來建構融合表示的操作。如圖 7.1 所示，影像表示 $v \in \mathbb{R}^{D_I}$ 和文字表示 $u \in \mathbb{R}^{D_T}$ 經過雙線性池化操作後得到的融合表示為

$$z = W[v \otimes u] \in \mathbb{R}^{D_z} \tag{7.1.1}$$

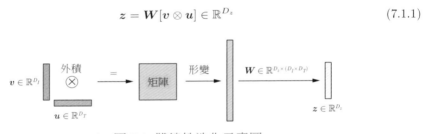

▲ 圖 7.1 雙線性池化示意圖

其中，$v \otimes u$ 的結果為形狀為 $D_I \times D_T$ 的矩陣，[] 操作將該矩陣的形狀改變為一維向量，W 是形狀為 $(D_z, D_I \times D_T)$ 的線性變換權重。

雙線性池化能使得兩個向量表示的所有元素之間都產生互動，融合較為充分，但是如果融合之後的表示還保持較高的維度，那麼模型的參數量將非常大。舉例來說，$D_I = D_T = 2048$，$D_z = 3000$，則 W 的大小為 $(3000, 2048 \times 2048)$，參數量超過 120 億。

為了減少雙線性池化操作的計算複雜度，研究人員提出一系列雙線性融合方案，包括多模態壓縮雙線性池化（multimodal compact bilinear，MCB）、多

模態低秩雙線性池化（multimodal low-rank bilinear，MLB）、多模態因數雙線性池化（multimodal factorized bilinear，MFB）、多模態 Tucker 融合（multimodal Tucker fusion，MUTAN）、多模態分解高階池化方法（multimodal factorized high-order pooling，MFH）、區塊雙線性融合方法（BLOCK）。

具體而言，MCB 首先採取 count sketch[148] 將原始圖文表示映射到高維度資料表示空間，然後在快速傅立葉變換空間透過元素乘積對兩個表示進行卷積，透過上述兩個步驟模擬原始的雙線性池化，從而避免平方展開的高維特徵。其可行性在於，兩個向量的外積的 count sketch 表示等於兩個向量的 count sketch 表示的卷積的結果。MCB 的缺點在於，其依賴於高維的 countsketch 表示來保證模型的性能，這種高維度資料表示還是存在計算瓶頸。MLB 提出基於 Hadamard 積的低秩雙線性池化，其將雙線性池化的三維權重張量化為 3 個二維權重矩陣，使權重張量的秩變為低秩，雖然其較 MCB 具有更少的參數量，但 MLB 的收斂速度慢，且對學習的超參數敏感。和 MLB 類似，MFB 同樣對權重進行低秩矩陣分解，但是使用了多組不同的映射矩陣獲得融合表示中的不同維度的元素，提升了模型容量，獲得了很好的性能。MUTAN 基於 Tucker 分解實現雙線性池化，可以有效減小參數量，同時具有良好的通用性。MFH 並聯多個 MFB 單元，進一步提升了模型容量，獲得了更好的性能。然而，多套參數並聯的方式卻導致參數量倍增。為此，BLOCK 首先將視覺表示和文字表示分別切分為多個表示區塊，然後分別融合對應的視覺表示區塊和文字表示區塊，最後拼接多個融合結果。BLOCK 理論上獲得了模型容納力和模型複雜度的平衡。BLOCK 在參數量規模低的情況下，依舊可以獲得良好的性能。

下面將詳細介紹 MLB、MFB 和 MUTAN 這 3 種典型的雙線性融合方法。

7.1.1 多模態低秩雙線性池化

首先單獨分析融合表示 z 中的單一元素的計算過程，以第 i 個元素為例，其計算公式可以寫成式 (7.1.2) 的形式。

$$z_i = \boldsymbol{v}^\top \boldsymbol{W}_i \boldsymbol{u} \tag{7.1.2}$$

其中，$\boldsymbol{W}_i \in \mathbb{R}^{D_l \times D_r}$ 為 $\boldsymbol{W}$ 中的第 i 組矩陣。

為了降低參數規模，多模態低秩雙線性池化（MLB）將 $\boldsymbol{W}_i$ 分解為兩個低秩矩陣 $\boldsymbol{P}$ 和 $\boldsymbol{Q}$，則式 (7.1.2) 可以寫成式 (7.1.3) 的形式。

$$z_i = \boldsymbol{v}^\top(\boldsymbol{P}\boldsymbol{Q}^\top)\boldsymbol{u} \tag{7.1.3}$$

其中，$\boldsymbol{P} \in \mathbb{R}^{D_l \times k}$ 和 $\boldsymbol{Q} \in \mathbb{R}^{D_r \times k}$ 為模型參數。k 為超參數，其設定值越小，模型的參數規模就越小。式 (7.1.3) 可以進一步寫成：

$$z_i = \boldsymbol{1}^\top(\boldsymbol{P}^\top\boldsymbol{v} \circ \boldsymbol{Q}^\top\boldsymbol{u}) \tag{7.1.4}$$

其中，。為 Hadmard，即逐位元乘，$\boldsymbol{1}^\top \in \mathbb{R}^k$ 為全 1 的行向量，其存在相當於對後面的列向量求和。因此，式 (7.1.4) 得到的結果為單一數值。為了獲得整個融合表示向量 $\boldsymbol{z}$，MLB 將 $\boldsymbol{1}^\top$ 替換為可學習參數矩陣 $\boldsymbol{W}_z \in \mathbb{R}^{D_z \times k}$，將式 (7.1.4) 改寫為

$$\boldsymbol{z} = \boldsymbol{W}_z(\boldsymbol{P}^\top\boldsymbol{v} \circ \boldsymbol{Q}^\top\boldsymbol{u}) \tag{7.1.5}$$

圖 7.2 展示了 MLB 融合的計算過程。可以看到，MLB 在得到融合表示中的元素時，先對影像和文字表示進行了線性變換，實際上，MLB 這裡執行的是非線性變換，即在線性變換之後，增加了非線性啟動函式。然後使用逐位元乘對變換後的表示進行融合，最後使用一個線性變換將融合結果映射到期望維度的表示空間中。

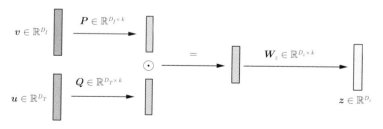

▲ 圖 7.2 MLB 融合的計算過程

7.1.2 多模態因數雙線性池化

多模態因數雙線性池化（MFB）和 MLB 非常類似，都是將 $\boldsymbol{W}_i$ 分解為兩個低秩矩陣。二者的不同之處在於，MFB 不是將全 1 向量替換為參數矩陣獲得融合向量，而是使用 D_z 組低秩矩陣獲得融合向量中的 D_z 個元素，即式 (7.1.4) 寫入成

$$z_i = \boldsymbol{1}^\top (\boldsymbol{P}_i^\top \boldsymbol{v} \circ \boldsymbol{Q}_i^\top \boldsymbol{u}) \tag{7.1.6}$$

其中，$\boldsymbol{P}_i \in \mathbb{R}^{D_i \times k}$ 和 $\boldsymbol{Q}_i \in \mathbb{R}^{D_T \times k}$。為了得到融合表示 $\boldsymbol{z}$ 的所有元素值，一共有 D_z 組低秩矩陣 $\boldsymbol{P}_i$ 和 $\boldsymbol{Q}_i$，每一組均對應 $\boldsymbol{z}$ 中的元素。

圖 7.3 展示了 MFB 融合的計算過程。可以看到，MFB 得到融合表示中的元素時，使用 D_z 組不同的權重對影像和文字表示進行了 D_z 次線性變換，實際上，這裡也是非線性變換。然後使用逐位元乘對每一組變換後的表示進行融合，最後對每一組表示進行求和，獲得 $\boldsymbol{z}$ 中的每一個元素值，也就獲得了最終的融合表示。

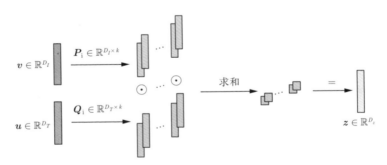

▲ 圖 7.3　MFB 融合的計算過程

7.1.3 多模態 Tucker 融合

多模態 Tucker 融合（MUTAN）是基於 Tucker 分解的多模態融合方法。為了理解 MUTAN，首先需要利用張量和矩陣的乘積操作，將雙線性融合寫成以下形式：

$$z = (W \times_1 v) \times_2 u \tag{7.1.7}$$

其中，$\times_i$ 為張量和矩陣的乘積（i-mode product），該操作的結果是改變張量第 i 個維度的大小。舉例來說，對於一個形狀為 (4,3,2) 的三維張量，其和矩陣形狀為 (3,5) 的矩陣進行 $\times_2$ 的結果為形狀為 (4,5,2) 的三維張量，即將原始張量的第 2 個維度的大小換成矩陣的第 2 個維度的大小。具體計算上，是將原始三維張量轉換成 (4×2) 個三維向量和形狀為 (3,5) 的矩陣相乘，得到 (4×2) 個五維向量，即可以得到形狀為 (4,5,2) 的張量。這裡相當於將 W 的第 1 個維度（影像表示維度）和第 2 個維度（文字表示維度）的大小換成 1，即得到期望的第 3 個維度（z 的維度）大小的向量。

接下來需要對 W 做 Tucker 分解。Tucker 分解是一種高維張量主成分分析方法。對於三維張量 W，由 Tucker 分解可以得到一個三維核心張量 T_c 和 3 個因數矩陣 P、Q、W_z 的乘積，即

$$W = ((T_c \times_1 P) \times_2 Q) \times_3 W_z \tag{7.1.8}$$

其中，$T_c \in \mathbb{R}^{d_I \times d_T \times d_z}$，$P \in \mathbb{R}^{D_I \times d_I}$，$Q \in \mathbb{R}^{D_T \times d_T}$，$W_z \in \mathbb{R}^{D_z \times d_z}$。

最後，將式 (7.1.8) 代入式 (7.1.7) 就可以得到基於 Tucker 分解的雙線性融合：

$$z = ((T_c \times_1 (v^\top P)) \times_2 (u^\top Q)) \times_3 W_z \tag{7.1.9}$$

圖 7.4 展示了 MUTAN 融合的計算過程。可以看到，MUTAN 首先利用矩陣 P 和 Q 分別對影像和文字表示進行線性變換，得到新的影像和文字表示，分別記作 $\tilde{v}$ 和 $\tilde{u}$。和之前類似，MUTAN 這裡執行的實際也是非線性變換。然後對 $\tilde{v}$ 和 $\tilde{u}$ 執行了原始的雙線性融合操作，T_c 為參數矩陣。此時，變換後的影像和文字表示的維度要小於原始的影像和文字表示維度，因此，雙線性融合操作的計

算量比之前要小。最後,再透過一個線性變換將融合結果映射到期望維度的表示空間中。

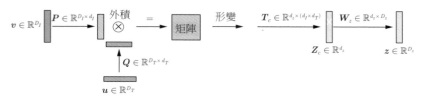

▲ 圖 7.4 MUTAN 融合的計算過程

7.2 基於注意力的方法

7.2.1 基於交叉注意力的基礎方法

最基礎的基於注意力的多模態融合方法是整合利用交叉注意力進行多模態對齊前後的表示。當影像模態和文字模態均為局部表示時,首先使用交叉注意力獲得跨模態對齊的局部輸出特徵 Y^I 和 Y^T,然後使用拼接、相加等簡單操作或雙線性融合操作將對齊前後的表示融合。以相加融合為例,融合後的影像和文字表示分別為

$$\{x_1^I + y_1^I, x_2^I + y_2^I, \cdots, x_n^I + y_n^I\} \tag{7.2.1}$$

$$\{x_1^T + y_1^T, x_2^T + y_2^T, \cdots, x_m^T + y_m^T\} \tag{7.2.2}$$

當影像模態為局部表示、文字模態為整體表示時,首先使用交叉注意力獲得文字的跨模態對齊的局部輸出表示 y^T,然後使用拼接、相加等簡單操作或雙線性融合操作將對齊前後的表示融合,以拼接融合為例,融合後的文字表示為 $x^T \| y^T$。

7.2.2 基於多步交叉注意力的方法

交叉注意力可以被簡單地堆疊多次形成多步交叉注意力。多步交叉注意力的關鍵是維護一個查詢表示向量 $\boldsymbol{m}$。在第一步時,查詢可以定義為影像和文字整體表示逐位元相乘或相加的結果。在準備好初始查詢表示向量之後,如圖 7.5 所示,以整體表示 $\boldsymbol{m}$ 為查詢,以影像局部表示為鍵和值,利用交叉注意力獲取和影像對齊的表示 $\boldsymbol{m}^I$:

$$\boldsymbol{m}^I = \mathrm{CA}(\boldsymbol{X}^I, \boldsymbol{m}) \tag{7.2.3}$$

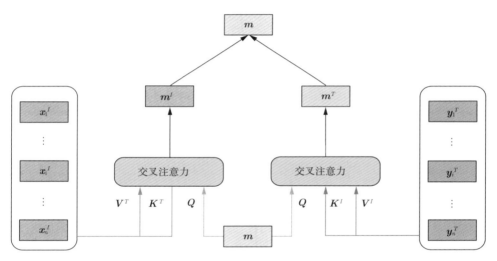

▲ 圖 7.5 多步交叉注意力每步操作示意圖

同理,以整體表示 $\boldsymbol{m}$ 為查詢,以文字局部表示為鍵和值,利用交叉注意力獲取和文本對齊的表示 $\boldsymbol{m}^T$:

$$\boldsymbol{m}^T = \mathrm{CA}(\boldsymbol{m}, \boldsymbol{X}^T) \tag{7.2.4}$$

在之後的每一步，首先更新查詢表示為對齊表示 m^I 和 m^T 逐位元相乘的結果。然後再次使用交叉注意力獲得新的對齊表示。在執行 K 次交叉注意力之後，可以直接將最終獲得的多模態查詢當作融合表示。

需要注意的是，上述方法中的每一步都使用了兩次交叉注意力：將查詢和影像對齊；將查詢和文字對齊。這也是 r-DAN[63] 中提出的融合方法。

也有一些研究將第一步的查詢表示向量設定為單一模態的整體表示，並只使用一次交叉注意力將其和另一個模態對齊，然後在之後的每一步都將查詢表示向量設定為對齊後的表示或對齊前後的表示之和，且都只使用一次交叉注意力。QRU[132] 和 SAN[133] 都是採用這種方法應對視覺問答任務。這類方法將問題整體表示作為查詢，和影像局部表示對齊，以篩選出和問題相關的影像區域。多步交叉注意力操作被解釋為多步推理，每一步推理都融合了問題和影像，並在下一步推理對影像區域進行更精確的篩選。

7.2.3 基於交叉 transformer 編碼器的方法

3.3 節介紹過透過堆疊自注意力可以得到 transformer 編碼器。同樣，可以透過堆疊交叉注意力得到交叉 transformer 編碼器，以建模複雜的圖文連結。圖 7.6 展示了一個交叉 transformer 區塊，每個區塊都包含多頭交叉注意力（MCA）和前饋網路（MLP），並使用了層規範化（LN）和殘差連接等深度學習常用的訓練技巧。交叉 transformer 編碼器堆疊了若干這樣的交叉 transformer 區塊。

形式上，令第 l 層的圖文表示分別為 $Z^{I(l)}$ 和 $Z^{T(l)}$，那麼經過交叉 transformer 區塊轉換得到的第 $l+1$ 層的表示 $Z^{I(l+1)}$ 和 $Z^{T(l+1)}$ 的計算流程如下。

$$\hat{Z}^{I(l)}, \hat{Z}^{T(l)} = \text{LN}\left(\text{MCA}(Z^{I(l)}, Z^{T(l)}) + [Z^{I(l)}; Z^{T(l)}]\right)$$

$$Z^{I(l+1)} = \text{LN}\left(\text{MLP}(\hat{Z}^{I(l)}) + \hat{Z}^{I(l)}\right) \tag{7.2.5}$$

$$Z^{T(l+1)} = \text{LN}\left(\text{MLP}(\hat{Z}^{T(l)}) + \hat{Z}^{T(l)}\right)$$

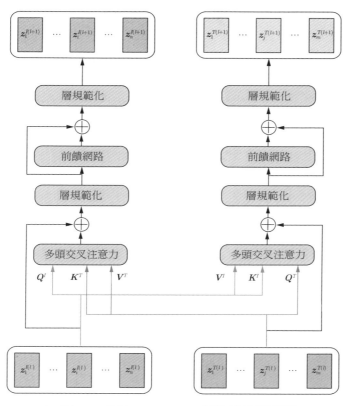

▲ 圖 7.6 交叉 transformer 區塊結構示意圖

7.3 實戰案例：基於 MFB 的視覺問答

7.3.1 視覺問答技術簡介

視覺問答的關鍵是挖掘影像和問題之間的連結，並融合二者推理出答案。形式上，視覺問答模型需要融合影像和文字兩個模態的輸入資訊，預測出文字模態形式的答案或答案對應的類別編號。

現有的視覺問答技術可以細分為 4 類：一是基於特徵融合的方法，即利用線性融合或者雙線性融合方法綜合影像和問題的資訊；二是基於注意力的方法，即利用注意力機制將影像中的區域和問題進行多模態對齊和融合；三是基於視覺關係建模的方法，該方法顯式地建模影像中區域間的關係，並利用多模態對齊技術建立這些關係和問題的聯繫，最終利用多模態融合技術綜合關係和問題；四是基於模組網路的方法，其首先利用全連接層、卷積層、注意力層等單元預先定義一系列模組，包括屬性或實體查詢模組、關注區域轉換模組、組合模組、屬性描述模組、計數模組等，然後將問題解析為可以和這些模組對應的部分，最後依據對問題的解析結果動態地組裝預先定義的模組。

需要說明的是，這四類方法並非完全獨立，例如使用這 4 類方法建構視覺問答模型時，大多都會使用注意力機制進行多模態融合和對齊。

本節將具體介紹一個基於 MFB[142] 和注意力的視覺問答模型（MFBVQA 模型）的實戰案例。如圖 7.7 所示，該模型首先利用注意力將問題和影像中的區域進行多模態對齊，其中注意力評分函式為 MFB，然後利用 MFB 融合多模態對齊前後的問題表示，最終推理出答案。

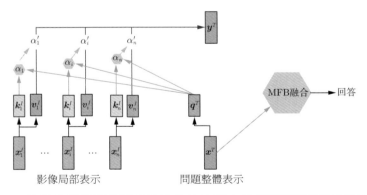

▲ 圖 7.7 基於多模態因數雙線性池化和注意力的視覺問答模型框架示意圖

下面按照讀取資料、定義模型、定義損失函式、選擇最佳化方法、選擇評估指標和訓練模型的順序，依次介紹該模型的具體實現。

7.3.2 讀取資料

1. 下載資料集

我們使用的資料集為 VQA v2(下載網址 [1])。該資料集中的影像來自 MS COCO，我們需要下載 bottom up attention 模型 [2] 提供的影像區域表示 [3]。該檔案解壓後的 tsv 檔案包含了 MS COCO 訓練集和驗證集中所有圖片的 36 個檢測框的視覺表示。本節的程式將 tsv 檔案放在目錄 ../data/vqa/coco 下。

對於問題和回答，我們需要下載 4 個檔案：訓練標注集（訓練回答集）、驗證標注集（驗證回答集）、訓練問題集和驗證問題集。將這 4 個檔案解壓後，可以得到 4 個 json 格式的檔案，並將其放在指定目錄 (本節的程式中將該目錄設定為 ../data/vqa) 下的 vqa2 資料夾裡。由於測試集的標注集未公開，因此這裡僅下載訓練集和驗證集。下載的資料集包含 443757 個訓練問題和 214354 個驗證問題，每個問題對應 10 個人工標注的答案。

2. 整理資料集

資料集下載完成後，需要對其進行處理，以適合之後建構的 PyTorch 資料集類別讀取。對於影像，按照 6.3.1 節介紹的方式，將每張圖片的 36 個檢測框表示儲存為單一 npy 格式檔案，並將檔案路徑記錄在資料 json 檔案中。為了後續的資料分析，檢測框的位置資訊也要以 npy 格式儲存。json 檔案中的路徑僅儲存檔案名稱首碼，加上副檔名「.npy」為影像特徵，加上副檔名「.box.npy」為檢測框特徵。

```
import base64
import csv
import json
import numpy as np
```

(接下頁)

---

1 https://visualqa.org/download.html

2 https://github.com/peteanderson80/bottom-up-attention

3 https://storage.googleapis.com/up-down-attention/trainval_36.zip

（接上頁）

```
import os
from os.path import join as pjoin
import sys

csv.field_size_limit(sys.maxsize)

def resort_image_feature():
        coco_dir = '../data/vqa/coco/'
        img_feat_path = pjoin(coco_dir, 'trainval_resnet101_faster_rcnn_genome_36.tsv')
        feature_folder = pjoin(coco_dir, 'image_box_features')
        if not os.path.exists(feature_folder):
                os.makedirs(feature_folder)

        imgid2feature = {}
        imgid2box = {}

        FIELDNAMES = ['image_id', 'image_h', 'image_w', 'num_boxes', 'boxes', 'features']
        with open(img_feat_path, 'r') as tsv_in_file:
                reader = csv.DictReader(tsv_in_file, delimiter='\t', fieldnames =
FIELDNAMES)
                for item in reader:
                        item['num_boxes'] = int(item['num_boxes'])
                        for field in ['boxes', 'features']:
                                buf = base64.b64decode(item[field])
                                temp = np.frombuffer(buf, dtype=np.float32)
                                item[field] = temp.reshape((item['num_boxes'],-1))
                        feat_path = pjoin(feature_folder, item['image_id']+'.jpg.npy')
                        box_path = pjoin(feature_folder, item['image_id']+'.jpg.box.
npy')

                        np.save(feat_path, item['features'])
                        np.save(box_path, item['boxes'])

resort_image_feature()
```

對於回答，我們取出現頻次最高的 max_ans_count 個回答，將任務轉化為 max_ans_count 個類的分類任務，並將每個問題的多個回答轉化為串列。

　　對於問題，我們首先建構詞典，然後根據詞典將問題轉化為向量，並過濾掉所有回答都不在高頻回答中的問題樣本。

```
from collections import defaultdict, Counter
import json
import os
from os.path import join as pjoin
import random
import re import torch
from PIL import Image


def tokenize_mcb(s):
    """
    問題詞元化（tokenization）函式，來源於  https://github.com/Cadene/block.
bootstrap. pytorch
    """
    t_str = s.lower()
    for  i  in  [r'\?',r'\!',r'\'',r'\"',r'\$',r'\:',
                    r'\@',r'\(',r'\)',r'\,',r'\.',r'\;']:
            t_str = re.sub( i, '', t_str)
    for i in [r'\-',r'\/']:
            t_str = re.sub( i, ' ', t_str)
    q_list = re.sub(r'\?','',t_str.lower()).split(' ')
    q_list = list(filter(lambda x: len(x) > 0, q_list))
    return q_list


def tokenize_questions(questions):
    for item in questions:
            item['question_tokens'] = tokenize_mcb(item['question'])
    return questions


def annotations_in_top_answers(annotations, questions, ans_vocab):
    new_anno = []
    new_ques = []
    assert len(annotations) == len(questions)
    for anno,ques in zip(annotations, questions):
            if anno['multiple_choice_answer'] in ans_vocab:
```

（接下頁）

（接上頁）

```python
                    new_anno.append(anno)
                    new_ques.append(ques)
        return new_anno, new_ques


def encode_questions(questions, vocab):
    for item in questions:
            item['question_idx'] = []
            for w in item['question_tokens']:
                    item['question_idx'].append(vocab.get(w,    vocab['<unk>']))
        return questions


def encode_answers(annotations, vocab):

    # 記錄回答的頻率
    for item in annotations:
            item['answer_list'] = []
            answers = [a['answer'] for a in item['answers']]
            for ans in answers:
                    if ans in vocab:
                            item['answer_list'].append(vocab[ans])
        return annotations


def  create_dataset(dataset='flickr8k',
                    max_ans_count=1000,
                    min_word_count=10):
    """
    參數：

            dataset：資料集名稱
            max_ans_count：取訓練集中最高頻的 1000 個答案
            min_word_count：僅考慮在訓練集中問題文字裡出現 10 次及 10 次以上的詞
            輸出：
            一個詞典檔案： vocab.json
            兩個資料集檔案： train_data.json、 val_data.json
    """

    dir_vqa2 = '../data/vqa/vqa2'
    dir_processed = os.path.join(dir_vqa2, 'processed')
    dir_ann = pjoin(dir_vqa2, 'raw', 'annotations')
    path_train_ann = pjoin(dir_ann, 'mscoco_train2014_annotations.json')
```

（接下頁）

（接上頁）

```python
path_train_ques = pjoin(dir_ann, 'OpenEnded_mscoco_train2014_questions.json')
path_val_ann = pjoin(dir_ann, 'mscoco_val2014_annotations.json')
path_val_ques = pjoin(dir_ann, 'OpenEnded_mscoco_val2014_questions.json')

# 讀取回答和問題
train_anno = json.load(open(path_train_ann))['annotations']
train_ques = json.load(open(path_train_ques))['questions']

val_anno  = json.load(open(path_val_ann))['annotations']
val_ques = json.load(open(path_val_ques))['questions']

# 取出現頻次最高的 nans 個回答，將任務轉化為 nans 個類的分類問題
ans2ct = defaultdict(int)
for item in train_anno:
        ans = item['multiple_choice_answer']
        ans2ct[ans] += 1
ans_ct = sorted(ans2ct.items(), key=lambda item:item[1], reverse=True)
ans_vocab = [ans_ct[i][0] for i in range(max_ans_count)]
ans_vocab = {a:i for i,a in enumerate(ans_vocab)}
train_anno = encode_answers(train_anno, ans_vocab)
val_anno = encode_answers(val_anno, ans_vocab)
# 處理問題文字
train_ques = tokenize_questions(train_ques)
val_ques = tokenize_questions(val_ques)
# 保留高頻詞
ques_vocab = Counter()
for item in train_ques:
        ques_vocab.update(item['question_tokens'])
ques_vocab = [w for w in ques_vocab.keys() if ques_vocab[w] > min_word_count]
ques_vocab = {q:i for i,q in enumerate(ques_vocab)}
ques_vocab['<unk>']  = len(ques_vocab)
train_ques = encode_questions(train_ques, ques_vocab)
val_ques = encode_questions(val_ques, ques_vocab)
# 過濾掉所有回答都不在高頻回答中的資料
train_anno, train_ques = annotations_in_top_answers(
        train_anno, train_ques, ans_vocab)
```

（接下頁）

（接上頁）

```
        if not os.path.exists(dir_processed):
                os.makedirs(dir_processed)
    # 儲存問題和回答詞典
    with open(pjoin(dir_processed, 'vocab.json'), 'w') as fw:
            json.dump({'ans_vocab': ans_vocab, 'ques_vocab': ques_vocab}, fw)
    # 儲存資料
    with open(pjoin(dir_processed, 'train_data.json'), 'w') as fw:
            json.dump({'annotations':train_anno, 'questions':train_ques}, fw)
    with open(pjoin(dir_processed, 'val_data.json'), 'w') as fw:
            json.dump({'annotations':val_anno, 'questions':val_ques}, fw)


create_dataset()
```

　　和之前的實戰案例一樣，在呼叫該函式生成需要的格式的資料集檔案之後，可以展示其中一筆資料，簡單驗證一下資料的格式是否和我們預想的一致。

```
%matplotlib inline
import json
from os.path import join as pjoin
import numpy as np
from matplotlib import pyplot as plt
from PIL import Image

data_dir = '../data/vqa/vqa2/'
dir_processed = pjoin(data_dir, 'processed')
rcnn_dir='../data/vqa/coco/image_box_features/'
image_dir = '../data/vqa/coco/raw/val2014/'

vocab = json.load(open(pjoin(dir_processed, 'vocab.json'), 'r'))
dataset = json.load(open(pjoin(dir_processed, 'val_data.json'), 'r'))

idx2ans = {i:a for a,i in vocab['ans_vocab'].items()}
idx2ques = {i:q for q,i in vocab['ques_vocab'].items()}

# 列印驗證集中的第 10000 個樣本
idx = 10000
# 讀取問題
```

（接下頁）

(接上頁)

```
question = dataset['questions'][idx]
q_text = ' '.join([idx2ques[token] for token in question['question_idx']])
# 讀取回答
annotation = dataset['annotations'][idx]
a_text = '/'.join([idx2ans[token] for token in annotation['answer_list']])

image_name = 'COCO_val2014_%012d.jpg'%(question['image_id'])
content_img = Image.open(pjoin(image_dir, image_name))
fig = plt.imshow(content_img)
feats = np.load(pjoin(rcnn_dir, '{}.jpg.box.npy').format(question['image_id']))
for i in range(feats.shape[0]):
        bbox = feats[i,:]
        fig.axes.add_patch(plt.Rectangle(
                xy=(bbox[0], bbox[1]), width=bbox[2]-bbox[0], height=bbox[3]-bbox[1],
                fill=False, linewidth=1))

print('question: ', q_text)
print('answer: ', a_text)
```

```
question:  is there a garbage can in the picture
answer:  yes/yes/yes/yes/yes/yes/yes/yes/yes/yes
```

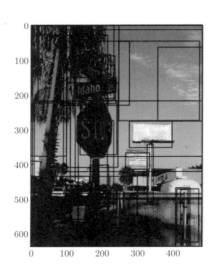

3. 定義資料集類別

在準備好的資料集的基礎上，需要進一步定義 PyTorch Dataset 類別，以使用 PyTorch DataLoader 類別按批次產生資料。PyTorch 中僅預先定義了影像、文字和語音的單模態任務中常見的資料集類別，因此我們需要定義自己的資料集類別。

在 PyTorch 中定義資料集類別非常簡單，僅繼承 torch.utils.data.Dataset 類別，並實現 __getitem__ 和 __len__ 兩個函式即可。在視覺問答任務中，__getitem__ 函式需要傳回影像、問題和回答的資料表示。其中，影像表示可以直接從影像檢測框特徵檔案中讀取，問題表示為其所包含的詞在詞表中的索引序列。而回答則根據是否採樣分為兩種表示：一是從回答串列中按照回答出現的機率採樣一個回答；二是回答串列。如果回答為單一值，則視覺問答被視為傳統的單標籤多分類任務；如果回答為串列，則視覺問答被建模為標籤分佈預測問題。

```python
from argparse import Namespace
import collections
import numpy as np
from os.path import join as pjoin
import skipthoughts
import torch
import torch.nn as nn
from torch.utils.data import Dataset


def collate_fn(batch):
    # 對一個批次的資料進行前置處理
    max_question_length = max([len(item['question']) for item in batch])
    batch_size = len(batch)
    image_feat_shape  =  batch[0]['image_feat'].shape
    imgs = torch.zeros(batch_size, image_feat_shape[0], image_feat_shape[1])
    ques = torch.zeros(batch_size, max_question_length, dtype=torch.long)
    ans = torch.zeros(batch_size, 1000)
    lens = torch.zeros(batch_size, dtype=torch.long)
    for i,item in enumerate(batch):
            imgs[i] = torch.from_numpy(item['image_feat'])
```

（接下頁）

（接上頁）

```
                ques[i, :item['question'].shape[0]] = item['question']
                for answer in item['answers']:
                        ans[i, answer] += 1
                lens[i] = item['length']
        return (imgs, ques, ans, lens)


class VQA2Dataset(Dataset):

    def  init (self,
                    data_dir='../data/vqa/vqa2/',
                    rcnn_dir='../data/vqa/coco/image_box_features/',
                    split='train',
                    samplingans=True):
            """
            參數：

                samplingans：決定傳回的回答資料。
                設定值為 True，則從回答串列中按照回答出現的機率採樣一個回答；
                設定值為 False，則為回答串列。
            """
            super(VQA2Dataset, self). init ()
            self.rcnn_dir = rcnn_dir
            self.samplingans = samplingans
            self.split = split
            dir_processed = pjoin(data_dir, 'processed')
            if split == 'train':
                    data_file = pjoin(dir_processed, 'train_data.json')
            elif split == 'val':
                    data_file = pjoin(dir_processed, 'val_data.json')
            self.dataset = json.load(open(data_file, 'r'))
            self.dataset_size = len(self.dataset['questions'])


    def  getitem (self, index):
            item = {}
            item['index']  =  index

            # 讀取問題
            question  =  self.dataset['questions'][index]
```

（接下頁）

（接上頁）

```
            item['question'] = torch.LongTensor(question['question_idx'])
            item['length'] = torch.LongTensor([len(question['question_idx'])])
            # 讀取影像檢測框特徵
            image_feat_path=pjoin(self.rcnn_dir,'{}.jpg.npy'.format(question
['image_id']))
            item['image_feat'] = np.load(image_feat_path)
            # 讀取回答
            annotation = self.dataset['annotations'][index]
            if 'train' in self.split and self.samplingans:
                    item['answers'] = [random.choice(annotation['answer_list'])]
            else:
                    item['answers'] = annotation['answer_list']
            return item

    def len (self):
            return self.dataset_size
```

4. 批次讀取資料

利用剛才建構的資料集類別，借助 DataLoader 類別建構能夠按批次產生訓練、驗證和測試資料的物件。

```
def mktrainval(data_dir, image_feat_dir, batch_size, workers=0):
    train_set = VQA2Dataset(data_dir, image_feat_dir,
                            split='train', samplingans=True)
    valid_set = VQA2Dataset(data_dir, image_feat_dir,
                            split='val', samplingans=False)

    train_loader = torch.utils.data.DataLoader(
                            train_set, batch_size=batch_size,
                            shuffle=True, num_workers=workers,
                            pin_memory=True, collate_fn=collate_fn)
    valid_loader = torch.utils.data.DataLoader(
                            valid_set, batch_size=batch_size,
                            shuffle=False, num_workers=workers,
                    pin_memory=True, drop_last=False, collate_fn=collate_fn)

    return train_loader, valid_loader
```

7.3.3 定義模型

MFBVQA 模型的結構已經在圖 7.7 中展示，其主要包含兩個模組：注意力跨模態對齊模組和雙線性融合模組。

注意力跨模態對齊模組使用問題表示作為查詢，影像的局部表示作為鍵和值，獲得問題和影像對齊的表示。形式上，該表示為影像局部表示的加權求和的結果，權重則代表了影像區域和該問題的連結程度。需要注意的是，這裡使用的是多頭注意力，且注意力評分函式中計算查詢和鍵的連結時，使用了 MFB 融合操作。

雙線性融合模組使用 MFB 融合問題對齊前後的表示，獲得最終的融合表示。

下面首先實現 MFB 融合操作，然後實現基於 MFB 融合的注意力跨模態對齊，最後借助注意力跨模態對齊和 MFB 融合實現 MFBVQA 模型。

1. MFB 融合

下面展示 MFB 融合操作的實現。該函式既支援兩個向量融合，也支援兩組向量的融合。

```
class MFBFusion(nn.Module):
    def init (self, input_dim1, input_dim2, hidden_dim, R):
        '''
        參數：
                input_dim1: 第一個待融合表示的維度
                input_dim2: 第二個待融合表示的維度
                hidden_dim: 融合後的表示的維度
                R: MFB 所使用的低秩矩陣的數量
        '''
        super(MFBFusion, self). init ()
        self.input_dim1 = input_dim1
        self.input_dim2 = input_dim2
        self.hidden_dim = hidden_dim
        self.R = R
```

（接下頁）

（接上頁）

```
            self.linear1 = nn.Linear(input_dim1, hidden_dim * R)
            self.linear2 = nn.Linear(input_dim2, hidden_dim * R)

    def forward(self, inputs1, inputs2):
            '''
            參數:
                    inputs1: (batch_size, input_dim1) 或 (batch_size, num_region,
input_dim1)
                    inputs2: (batch_size, input_dim2) 或 (batch_size, num_region,
input_dim2)
            '''
            # -> total: (batch_size, hidden_dim) 或 (batch_size, num_region,
hidden_dim)
            num_region = 1
            if inputs1.dim() == 3:
                    num_region = inputs1.size(1)
            h1 = self.linear1(inputs1)
            h2 = self.linear2(inputs2)
            z = h1 * h2
            z = z.view(z.size(0), num_region, self.hidden_dim, self.R)
            z = z.sum(3).squeeze(1)
            return z
```

2. 注意力跨模態對齊

下面展示了多頭交叉注意力的實現。其中注意力得分 α 是使用 MFB 操作融合查詢和鍵的結果。

```
class MultiHeadATTN(nn.Module):
    def  init (self, query_dim, kv_dim,
                    mfb_input_dim, mfb_hidden_dim,
                    num_head, att_dim):
            """
            參數:
                    query_dim：問題表示（查詢）的維度
                    kv_dim：影像區域表示（鍵和值）的維度
                    mfb_input_dim：融合操作的輸入的維度
```

（接下頁）

（接上頁）

```
                    mfb_hidden_dim：融合操作的輸出的維度
                    num_head：多頭交叉注意力的頭數
                    att_dim：多頭交叉注意力的輸出表示（對齊後的表示）維度
            """
            super(MultiHeadATTN, self). init ()
            assert att_dim % num_head == 0
            self.num_head = num_head
            self.att_dim = att_dim

            self.attn_w_1_q = nn.Sequential(
                        nn.Dropout(0.5),
                        nn.Linear(query_dim, mfb_input_dim),
                        nn.ReLU()
                    )
            self.attn_w_1_k = nn.Sequential(
                        nn.Dropout(0.5),
                        nn.Linear(kv_dim, mfb_input_dim),
                        nn.ReLU()
                    )
            self.attn_score_fusion = MFBFusion(mfb_input_dim, mfb_input_dim,
                                mfb_hidden_dim, 1)
            self.attn_score_mapping = nn.Sequential(
                        nn.Dropout(0.5),
                        nn.Linear(mfb_hidden_dim, num_head)
                    )
            self.softmax = nn.Softmax(dim=1)
            # 對齊後的表示計算流程
            self.align_q = nn.ModuleList([nn.Sequential(
                        nn.Dropout(0.5),
                        nn.Linear(kv_dim, int(att_dim / num_head)),
                        nn.Tanh()
                ) for _ in range(num_head)])

    def forward(self, query, key_value):
    """
    參數：
        query: (batch_size, q_dim)
```

（接下頁）

（接上頁）

```
        key_value: (batch_size, num_region, kv_dim)
"""
# (1) 使用全連接層將 Q、K、V 轉化為向量
num_region = key_value.shape[1]
# -> (batch_size, num_region, mfb_input_dim)
q  = self.attn_w_1_q(query).unsqueeze(1).repeat(1,num_region,1)
# -> (batch_size, num_region, mfb_input_dim)
k = self.attn_w_1_k(key_value)
# (2) 計算 query 和 key 的相關性，實現注意力評分函式
# -> (batch_size, num_region, num_head)
alphas = self.attn_score_fusion(q, k)
alphas = self.attn_score_mapping(alphas)
# (3) 歸一化相關性分數
# -> (batch_size, num_region, num_head) alphas  =  self.softmax(alphas)
# (4) 計算輸出
# (batch_size, num_region, num_head) (batch_size, num_region, key_value_dim)
# -> (batch_size, num_head, key_value_dim)
output  =  torch.bmm(alphas.transpose(1,2),  key_value)
# 最終再對每個頭的輸出進行一次轉換，並拼接所有頭的轉換結果將其作為注意力輸出
list_v = [e.squeeze() for e in torch.split(output, 1, dim=1)]
alpha = torch.split(alphas, 1, dim=2)
align_feat=[self.align_q[head_id](x_v) for head_id, x_v in enumerate(list_v)]
align_feat = torch.cat(align_feat, 1)
return align_feat, alpha
```

3. MFBVQA 模型

利用上述 MFB 融合操作和多頭自注意力模組的程式，可以輕鬆地實現 MFBVQA 模型。模型的輸入是影像的區域表示和問題。對於問題的表示，模型使用預訓練的 Skip-thoughts 向量 [149] 作為問題的整體表示。這裡，Skip-thoughts 向量提取模型時使用句子作為輸入，句子的上下文句子作為監督資訊訓練而得。

```
class  MFBVQAModel(nn.Module):
     def   init (self, vocab_words, qestion_dim, image_dim,
                   attn_mfb_input_dim, attn_mfb_hidden_dim,
                   attn_num_head, attn_output_dim,
                   fusion_q_feature_dim, fusion_mfb_hidden_dim,
```

（接下頁）

（接上頁）

```
                    num_classes):
super(MFBVQAModel, self).__init__()

# 文字表示提取器
list_words = [vocab_words[i+1] for i in range(len(vocab_words))]
self.text_encoder = skipthoughts.BayesianUniSkip(
                '../data/vqa/skipthoughts/',
                list_words,
                dropout=0.25,
                fixed_emb=False)
# 多頭自注意力
self.attn = MultiHeadATTN(qestion_dim, image_dim,
                attn_mfb_input_dim, attn_mfb_hidden_dim,
                attn_num_head, attn_output_dim)
# 問題的對齊表示到融合表示空間的映射函式
self.q_feature_linear = nn.Sequential(
                nn.Dropout(0.5),
                nn.Linear(qestion_dim, fusion_q_feature_dim),
                nn.ReLU()
)
# MFB 融合圖文表示類別
self.fusion = MFBFusion(attn_output_dim, fusion_q_feature_dim,
        fusion_mfb_hidden_dim, 2)
# 分類器
self.classifier_linear  =  nn.Sequential(
                    nn.Dropout(0.5),
                    nn.Linear(fusion_mfb_hidden_dim, num_classes)
)


def forward(self, imgs, quests, lengths):
# 初始輸入
v_feature = imgs.contiguous().view(-1, 36, 2048)
q_emb = self.text_encoder.embedding(quests)
q_feature, _ = self.text_encoder.rnn(q_emb)
q_feature = self.text_encoder._select_last(q_feature, lengths)
# 利用注意力獲得問題的對齊表示
align_q_feature, _ = self.attn(q_feature, v_feature)  # b*620
```

（接下頁）

（接上頁）

```
# 對原始文字表示進行變換
original_q_feature = self.q_feature_linear(q_feature)
# 融合對齊前後的問題的表示
x = self.fusion(align_q_feature, original_q_feature)
# 分類
x = self.classifier_linear(x)
return x
```

7.3.4 定義損失函式

模型的損失函式為 KL 散度損失，同時相容回答為單一值和串列兩種情形。

```
class KLLoss(nn.Module):
    def init (self):
        super(KLLoss, self). init ()
        self.loss = nn.KLDivLoss(reduction='batchmean')

    def forward(self, input, target):
        return self.loss(nn.functional.log_softmax(input), target)
```

7.3.5 選擇最佳化方法

我們選用 Adam 最佳化演算法更新模型參數，學習速率採用指數衰減方法。

```
import torch.optim.lr_scheduler as lr_scheduler

def get_optimizer(model, config):
    params = filter(lambda p: p.requires_grad, model.parameters())
    return torch.optim.Adam(params=params, lr=config.learning_rate)

def get_lr_scheduler(optimizer):
    """ 每隔 lr_update 個輪次，學習速率減小至當前速率的二分之一 """
    return lr_scheduler.ExponentialLR(optimizer, 0.5 ** (1 / 50000))
```

7.3.6 選擇評估指標

這裡實現了 VQAv2 資料集中最常用的評估指標——回答準確率。具體而言，如果模型舉出的回答在人工標注的 10 個回答中出現 3 次或 3 次以上，則該回答的準確率為 1，出現兩次和一次的準確率分別為 2/3 和 1/3。

```python
def evaluate(data_loader, model):
    model.eval()
    device = next(model.parameters()).device
    accs = []
    for i, (imgs, questions, answers, lengths) in enumerate(data_loader):
            # 讀取資料至 GPU
            imgs = imgs.to(device)
            questions = questions.to(device)
            answers = answers.to(device)
            lengths = lengths.to(device)

            output = model(imgs, questions, lengths)
            hit_cts = answers[torch.arange(output.size(0)),output.argmax(dim=1)]
            for hit_ct in hit_cts:
                    accs.append(min(1, hit_ct / 3.0))
    model.train()
    return float(sum(accs))/len(accs)
```

7.3.7 訓練模型

訓練模型過程可以分為讀取資料、前饋計算、計算損失、更新參數、選擇模型 5 個步驟。

```python
# 設定模型超參數和輔助變數
config = Namespace(
        question_dim = 2400,
        image_dim = 2048,
        attn_mfb_input_dim = 310,
        attn_mfb_hidden_dim = 510,
        attn_num_head = 2,
```

（接下頁）

（接上頁）

```
        attn_output_dim = 620,
        fusion_q_feature_dim = 310,
        fusion_mfb_hidden_dim = 510,
        num_ans = 1000,
        batch_size = 128,
        learning_rate = 0.0001,
        margin = 0.2,
        num_epochs = 45,
        grad_clip = 0.25,
        evaluate_step = 360, # 每隔多少步在驗證集上測試一次
        checkpoint = None, # 如果不為 None，則利用該變數路徑的模型繼續訓練
        best_checkpoint = '../model/mfb/best_vqa2.ckpt',    # 驗證集上表現最佳的模型的路徑
        last_checkpoint  = '../model/mfb/last_vqa2.ckpt',  #  訓練完成時的模型的路徑
)

# 設定 GPU 資訊
os.environ['CUDA_VISIBLE_DEVICES'] = '0'
device = torch.device("cuda" if torch.cuda.is_available() else "cpu")

# 資料
data_dir = '../data/vqa/vqa2/'
dir_processed = os.path.join(data_dir, 'processed')

train_loader, valid_loader = mktrainval(data_dir,
                '../data/vqa/coco/image_box_features/',
                config.batch_size,
                workers=0)
# 模型
vocab = json.load(open(pjoin(dir_processed, 'vocab.json'), 'r'))
# 隨機初始化或載入已訓練的模型
start_epoch = 0
checkpoint = config.checkpoint
if checkpoint is None:
        model = MFBVQAModel(vocab['ques_vocab'],
                            config.question_dim,
                            config.image_dim,
                            config.attn_mfb_input_dim,
```

（接下頁）

（接上頁）

```
                        config.attn_mfb_hidden_dim,
                        config.attn_num_head,
                        config.attn_output_dim,
                        config.fusion_q_feature_dim,
                        config.fusion_mfb_hidden_dim,
                        config.num_ans)
else:
        checkpoint = torch.load(checkpoint)
        start_epoch = checkpoint['epoch'] + 1
        model = checkpoint['model']

# 最佳化器
optimizer = get_optimizer(model, config)
lrscheduler = get_lr_scheduler(optimizer)

# 將模型複製至 GPU，並開啟訓練模式
model.to(device)
model.train()

# 損失函式
loss_fn = KLLoss().to(device)


best_res = 0
print(" 開始訓練 ")


for epoch in range(start_epoch, config.num_epochs):
        for i, (imgs, questions, answers, lengths) in enumerate(train_loader):
                optimizer.zero_grad()
                # 1. 讀取資料至 GPU
                imgs = imgs.to(device)
                questions = questions.to(device)
                answers = answers.to(device)
                lengths = lengths.to(device)

                # 2. 前饋計算
                output = model(imgs, questions, lengths)
                # 3. 計算損失
```

（接下頁）

（接上頁）

```
loss = loss_fn(output, answers)
loss.backward()

# 梯度截斷
if config.grad_clip > 0:
        nn.utils.clip_grad_norm_(model.parameters(), config.grad_clip)

# 4. 更新參數
optimizer.step()

lrscheduler.step()

state = {
        'epoch': epoch,
        'step': i,
        'model': model,
        'optimizer':  optimizer
        }

if (i+1) % config.evaluate_step == 0:
acc = evaluate(valid_loader, model)
# 5. 選擇模型
if best_res < acc: best_res = acc
        torch.save(state, config.best_checkpoint)
torch.save(state, config.last_checkpoint)
print('epoch: %d, step: %d, loss: %.2f, \
        ACC: %.3f' %
        (epoch, i+1, loss.item(), acc))
```

執行本節程式會輸出模型在驗證集上的表現，最後一次迭代輸出的回答準確率約為 0.625。

7.4 小結

　　本章介紹了典型的多模態融合方法。首先，介紹了基於雙線性融合的方法，其核心是使用雙線性池化操作使得不同模態表示之間所有元素之間都產生互動，獲取更充分的融合效果。然而，直接使用雙線性池化操作的計算複雜度過高，為此，研究者提出一系列雙線性融合方法，本章描述了其中的 MLB、MFB 和 MUTAN 這 3 種典型方法。然後，介紹了基於注意力的方法，包括基於交叉注意力的基礎方法、基於多步交叉注意力的方法和基於交叉 transformer 編碼器的方法。其中，交叉 transformer 編碼器已經成為多模態資訊處理中最主流的多模態融合結構之一。最後，介紹了一個使用雙線性池化和注意力的多模態融合方法進行視覺問答任務的實戰案例，使得讀者可以深入了解雙線性池化操作和注意力在多模態融合中的使用方法。

7.5 習題

1. 給定影像表示 v = [0.2, 0.3, −0.8, 0.9] 和文字表示 u = [−0.7, 0.1, −0.4, 0.1]，請使用雙線性池化操作計算一個長度為 6 的圖文融合向量（線性變換的權重可任意設定值）。

2. 寫出雙線性池化操作、MLB、MFB 和 MUTAN 這 4 種融合方法的計算量。

3. 寫出式 (7.2.3) 和影像對齊的表示 m^l 的具體計算步驟。

4. 寫出由 3 個 transformer 區塊組成的交叉 transformer 編碼器的所有參數。

5. 描述一個除視覺問答外的多模態融合任務，並設計出相應的模型。

6. 將 7.3 節中介紹的 MFBVQA 模型中的 MFB 融合操作改為 MLB 融合操作，對比使用 MLB 融合和 MFB 融合的視覺問答的結果。

多模態轉換

　　多模態轉換是將一個模態（來源模態）轉為描述相同事物的另一個模態（目標模態）的技術。在深度學習時代到來之前，影像生成和文字生成的研究幾乎處於停滯狀態。文字生成技術主要是借助範本、N 元語法和語法規則等生成一些簡單的敘述，影像生成技術則主要是借助像素或區塊等底層視覺特徵的相似性生成簡單的紋理材質或低解析度影像。由於缺乏資料生成能力，早期的多模態轉換技術通常採用基於檢索的方法，即先利用多模態對齊技術檢索出和來源模態資料連結的若干目標模態資料，再以某種特定規則組合這些目標模態資料，生成新的資料。受制於生成技術的限制，多模態轉換技術發展緩慢。

2014 年，隨著深度學習在影像分類模型和文字生成領域上的研究的不斷深入，受神經網路機器翻譯模型的啟發，基於編解碼框架的可點對點訓練的神經網路模型被成功應用於影像到文字的轉換任務，即影像描述任務。其中，編碼器負責獲取影像表示，解碼器負責生成語言描述。模型的最佳化目標都是在替定影像的條件下，最大化相應文字描述的對數似然。隨後，伴隨著深度學習技術的發展，用於影像描述任務的轉碼器的主流結構也依次從循環神經網路[50-51,150-151]變為注意力[64,66]和 transformer[152-155]。

2016 年，隨著生成對抗網路在影像生成領域，尤其是條件影像生成領域的廣泛應用，基於生成對抗網路的方法開始成為文字生成影像技術的主流。該方法首先獲取文字表示，然後利用主要由上採樣卷積模組組成的生成網路將其轉換成目標解析度的合成影像，最後再透過由下採樣卷積模組組成的判別網路將合成影像轉換，並和文字表示拼接，最終獲得文本描述和影像的匹配可信度。GAN-CLS[156] 首次使用這種方法生成了解析度為 64×64 像素的影像。之後，StackGAN[157] 和 StackGAN-v2[158] 透過引入多組生成器和判別器合成了更高解析度的影像，而 AttnGAN[36] 將注意力引入條件生成對抗網路中，以同時捕捉文字描述的詞等級和句子等級的資訊。

2021 年，得益於 transformer 技術的不斷成熟和運算資源的豐富，研究人員開始將基於 transformer 的編解碼模型應用於文字生成影像任務。具體做法為：首先利用量化自編碼器提取影像的離散表示，然後使用基於 transformer 的編解碼模型建模文字序列到影像離散表示序列的映射。使用這種方法的模型有多模態 GPT-3 模型 DALL·E[72]、CogView[74]。2022 年提出的 OFA[159] 模型直接使用單一的基於 transformer 的編解碼模型完成了包括影像描述、文字生成影像在內的多個多模態任務。

從 2021 年下半年開始，擴散模型逐漸替代生成對抗網路，成為影像生成領域最受關注的模型。其核心思想是先透過前向過程對影像逐漸新增雜訊，直至變為隨機雜訊，再透過逆向過程從該隨機雜訊中逐漸去噪，直至生成清晰影像。2021 年年末，GLIDE[160] 首次將擴散模型用於文字生成影像任務中，其在反向過程的去噪環節引入文字作為輸入，使得去噪後的影像和文字輸入相關。2022 年，stable diffusion[78] 利用擴散模型建構文字到壓縮表示的生成模型，再從影像的壓縮表示中解碼成影像。該工作的開放原始碼也直接引發了文字生成影像研究熱潮。目前,基於擴散模型的多模態轉換技術還處於迅猛發展中。

本章將介紹兩類經典的多模態轉換方法:基於編解碼框架的方法和基於生成對抗網路的方法。

8.1 基於編解碼框架的方法

通用的編解碼框架示意圖如圖 8.1 所示,其包含一個編碼器和一個解碼器,編碼器將輸入模態轉化為一個狀態表示,解碼器負責將該表示轉為輸出模態。可點對點訓練的神經網路是當前使用最廣泛的編解碼框架模型。具體而言,按照出現的時間順序,主流的編解碼模型依次為:基於循環神經網路的模型、基於注意力的模型和基於 transformer 的模型。

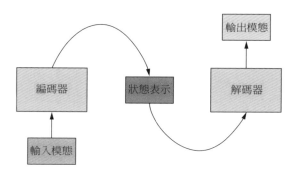

▲ 圖 8.1 通用的編解碼框架示意圖

接下來以機器翻譯任務為例,分別介紹這 3 種基於編解碼框架的模型,以及利用它們進行多模態轉換任務的方法。

8.1.1 基於循環神經網路的編解碼模型

基於循環神經網路的編解碼模型在序列到序列類的學習任務中有廣泛的應用。圖 8.2 展示了一個基於循環神經網路的編解碼模型進行機器翻譯的範例。首先編碼器使用一個循環神經網路對輸入語言序列編碼,以最後一個時刻的隱藏

層作為其整體表示，然後將輸入序列的整體表示當作解碼器（另一個循環神經
網路）的初始隱藏層狀態的輸入的一部分或當作解碼器每一時刻的輸入的一部
分，依次生成目的語言序列。

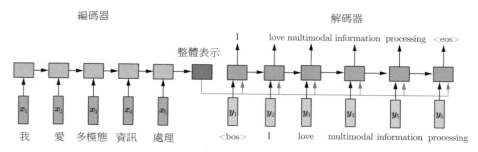

▲ 圖 8.2 基於循環神經網路的編解碼模型的整體框架示意圖

令輸入語言序列 $X = \{x_1, x_2, \cdots, x_n\}$ 的整體表示 $c = \text{RNN}_{\text{encoder}}(X)$，目的語言
序列表示為 $Y = \{y_1, y_2, \cdots, y_m\}$。假定採用將輸入序列的整體表示當作解碼器每
一時刻輸入的一部分的方式，解碼器輸出的具體計算流程如下。

（1）將輸入序列的整體表示和目標序列中所有詞的表示分別拼接，得到新
的目標序列 $Y_{\text{concat}} = \{y_1\| c, y_2\| c, \cdots, y_m\|c\}$

（2）使用循環神經網路對目的語言序列表示的前 m-1 個詞表示 Y_{concat}
$[1:m-1]$ 進行編碼，得到所有時刻的隱狀態。

$$H^{\text{decoder}} = \text{RNN}^{\text{decoder}}(Y_{\text{concat}}[1 : m - 1]) \qquad (8.1.1)$$

（3）使用一個權重為 W_o 的全連接輸出層將隱狀態序列中的所有向量都映
射為輸出向量，得到輸出序列。第 j 個時刻的輸出向量 o_j 為

$$o_j = W_o h_j^{\text{decoder}} \qquad (8.1.2)$$

其中，W_o 的輸出維度為目的語言的詞表大小。

（4）最後，利用 softmax 函式對輸出序列中的每一個向量進行歸一化，得
到模型預測的下一個詞在詞表上的機率分佈。第 j 個時刻的機率分佈 p_j 為

$$p_j = \text{softmax}(o_j) \tag{8.1.3}$$

每一個時刻的預測目標都是目標序列中下一個時刻的真實詞。

編碼器和解碼器能夠使用統一的代價函式聯合學習，編碼器的表示訊號可以直接傳遞給解碼器，而解碼器回饋的誤差也可以調整編碼器的參數。模型的**損失函式**為所有時刻正確預測下一時刻詞的負的對數似然之和，即

$$L(I, S) = -\sum_{j=1}^{m-1} \sum_{k=1}^{|\mathcal{V}|} \log p_{jk} \mathbb{I}(\mathcal{V}[k] = y_j) \tag{8.1.4}$$

其中，V 為目的語言詞表，|V| 為詞表大小，p_{jk} 為第 j 時刻預測的下一時刻的詞為詞表中第 k 個詞的機率，指示函式 $\mathbb{I}$ 表示這裡僅計算下一時刻預測正確的詞的機率。

包含序列生成解碼器的模型一般有兩種訓練方法：一是自回歸模式，即每一時刻解碼器的輸入詞都是前一時刻解碼器的預測詞；二是 Teacher-Forcing 模式，即每一時刻解碼器的輸入詞都是目標序列在該時刻的真實詞。Teacher-Forcing 模式是一種非常有效的訓練技巧。這是因為在模型訓練初期，解碼器往往無法生成有意義的序列，如果採用自回歸模式，解碼器將難以收斂。因此，Teacher-Forcing 模式能極大地加快模型的收斂速度。此外，Teacher-Forcing 模式每一時刻的訓練不需要解碼器預測出前一時刻的詞，這樣同一個序列的所有時刻可以並行訓練。實踐中也常常綜合使用這兩種訓練模式，即在訓練過程中的每一步，隨機選擇其中一種模式進行訓練。

對於影像描述任務，可以首先提取影像的局部表示，然後利用基於循環神經網路的編解碼模型直接將其轉為文字。也可以按照如圖 8.3 所示的方案，直接將編碼器使用的循環神經網路替換為卷積神經網路以獲得影像的整體表示，解碼器依舊使用循環神經網路。

文字生成過程：在描述生成階段，由於僅影像可見，因此循環神經網路的輸入由上一時刻採樣的單字作為輸入，如此循環採樣，直到生成句子結束符號位置。生成採樣的策略可以有多種，其中較為常見的兩種策略如下。

（1）直接採樣，即每次循環均採樣機率最大的詞。這種貪心的選取詞的策略計算複雜度低，但是無法獲得全域最佳解，因為每次都選取機率最大的詞並不能保證整個句子出現的機率最大。

（2）束搜尋（beam search）採樣，假設視窗大小為 K，在 t 時刻有 K 個候選句子，在 $t + 1$ 時刻每個候選句子將採樣機率最大的前 K 個單字生成 K 個新的候選句子。如此，將生成 K^2 個新的候選句子，模型從中選擇機率最大的前 K 個句子作為 $t + 1$ 時刻的候選句子。盡管束搜尋策略也無法保證獲得全域最佳解，但是 K 越大，搜尋空間就越大，也就越有可能獲得更高機率的句子。當 $K = 1$ 時，束搜尋策略等價於直接採樣策略。

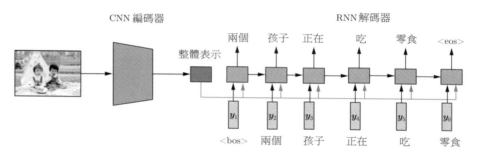

▲ 圖 8.3 基於 CNN-RNN 的影像描述模型的框架示意圖

8.1.2 基於注意力的編解碼模型

在基於循環神經網路的編解碼模型中，輸入序列被編碼為單一向量，這種編碼方式難以表達輸入的細節資訊，不利於生成精確的目標序列。直覺上，編碼器應該取出輸入序列中每個詞的表示；解碼器在生成單一目標詞時，不僅需要考慮前一個時刻的狀態和已經生成的詞，還需要考慮當前生成的詞和輸入序列中的哪些詞更相關。基於注意力的編解碼模型正是為了達到這一目的而被提出。

如圖 8.4 所示，基於注意力的編解碼模型的關鍵步驟是，在每一時刻利用交叉注意力獲得對齊的上下文表示，代替基於循環神經網路的編解碼模型中的整體表示，具體計算步驟如下。

（1）對於解碼器第 j 時刻，查詢為前一時刻的狀態 $\boldsymbol{h}_{j-1}^{\text{decoder}}$、鍵和值均為輸入序列的局部表示 $\boldsymbol{H}^{\text{encoder}}$。形式上，查詢、鍵和值分別為

$$\begin{aligned} \boldsymbol{q}_j &= \boldsymbol{h}_{j-1}^{\text{decoder}} \\ \boldsymbol{k}_i &= \boldsymbol{h}_i^{\text{encoder}} \\ \boldsymbol{v}_i &= \boldsymbol{h}_i^{\text{encoder}} \end{aligned} \tag{8.1.5}$$

（2）計算當前狀態和輸入序列所有詞的相關得分：

$$\alpha_{ij} = a(\boldsymbol{q}_j, \boldsymbol{k}_i) \tag{8.1.6}$$

（3）歸一化相關得分：

$$\alpha'_{ij} = \frac{\exp(\alpha_{ij})}{\sum_k \exp(\alpha_{ik})} \tag{8.1.7}$$

（4）計算對齊的上下文向量：

$$\boldsymbol{c}_i = \sum_k \alpha'_{ik} \boldsymbol{v}_k \tag{8.1.8}$$

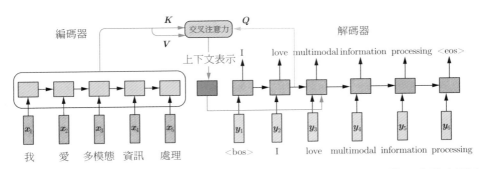

▲ 圖 8.4 基於注意力的編解碼模型的整體框架示意圖：僅標注了第三步的上下文表示計算過程

最後，將上下文向量和當前時刻的輸入進行拼接，得到拼接表示 $\boldsymbol{Y}_{\text{concat}}$。之後計算模型預測的下一個詞的機率分佈的方法和基於循環神經網路的編解碼模型完全相同，這裡不再贅述。

對於影像描述生成任務，我們僅需要將編碼器替換為影像局部表示提取器，就可以利用基於注意力的編解碼模型。此時，注意力使得生成每一個詞時都依賴不同的影像上下文向量。上下文向量是「注意」不同影像局部區域的結果。圖 8.5 展示了使用提取網格表示的卷積神經網路作為編碼器、附帶注意力機制的循環神經網路作為解碼器的影像描述模型結構。

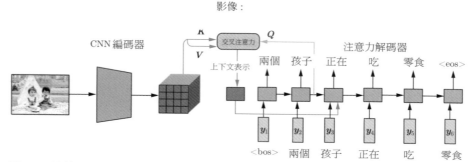

▲ 圖 8.5 基於 CNN-Attention 的影像描述模型的框架示意圖：僅標注了第三步的上下文表示計算過程

8.1.3 基於 transformer 的編解碼模型

3.3.2 節已經介紹過 transformer 編碼器，與循環神經網路類似，也可以利用 transformer 建構解碼器，以實現一個完全基於 transformer 的編解碼模型。如圖 8.6 所示，編碼器使用 N_e 個 transformer 區塊取出輸入序列中每個詞的表示，解碼器利用 N_d 個 transformer 區塊獲得輸出序列表示，最後使用線性變換和 softmax() 函式啟動獲得下一個詞的分佈。從結構上看，transformer 解碼器和編碼器主要有兩點不同：一是解碼器使用遮罩多頭自注意力而非多頭自注意力對輸入序列進行變換；二是解碼器增加了交叉注意力層。下面分別介紹這兩個操作。

由於輸出序列中的詞是按順序生成的，即在生成一個時刻的詞時，只有該時刻之前的詞是已知的。因此，解碼器不能像編碼器那樣使用自注意力對全部序列進行變換，而是只能對序列中已知的詞進行變換。這就是遮罩自注意力的功能。具體而言，在使用 softmax 將查詢和鍵的相關分數歸一化之前，將每個詞的查詢和其後面的詞的鍵所計算的相關分數設定為無限小。這樣，在使用 softmax 獲得歸一化注意力得分時，每個詞和其之後的詞的注意力權重就會接近 0。

　　和基於注意力的編解碼模型一樣，transformer 解碼器也使用了交叉注意力層，使得模型在生成目的語言中的每個詞的時候能夠關注輸入語言序列中不同的詞。具體操作上，編碼器獲得的輸入序列的局部表示為交叉注意力提供鍵和值，解碼器透過遮罩多頭自注意力層獲得的當前已生成片語成的序列的局部表示為交叉注意力提供查詢。這也和基於注意力的編解碼模型一樣，因此這裡不再贅述。

　　對於影像描述生成任務，編碼器可以由影像局部表示提取器和 transformer 編碼器組成，也可以是 4.3.2 節中介紹的視覺 transformer。圖 8.7 展示了使用視覺 transformer 作為編碼器、transformer 作為解碼器的影像描述模型結構。

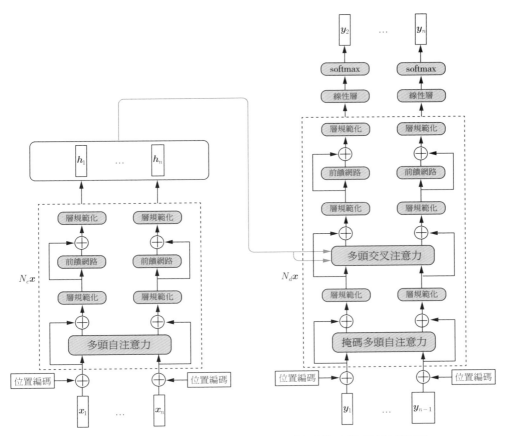

▲ 圖 8.6 基於 transformer 的編解碼模型的整體框架示意圖

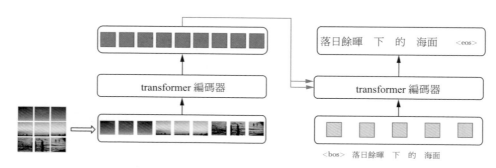

▲ 圖 8.7 基於視覺 transformer-transformer 的影像描述模型的框架示意圖

　　對於文字生成影像任務，可以使用 4.4.1 節中介紹的影像的離散表示將影像表示為離散序列，然後訓練文字到影像離散序列的 transformer 編解碼模型，最後再利用離散表示解碼出影像。

8.2 基於生成對抗網路的方法

　　2014 年出現的生成對抗網路極大地提升了影像生成品質。2016 年，研究人員首次利用生成對抗網路建構了文字生成影像模型，成功生成了解析度為 64×64 像素的影像。為了生成更高解析度的影像，研究人員利用了多階段的生成方法，即首先生成低解析度影像，然後再不斷完善低解析度影像的細節，生成更高解析度的影像。之後，為了利用細粒度的文本資訊，研究人員引入注意力機制來融合文字和低解析度影像，以生成和文字細節描述更一致的影像。

　　本節將依據時間順序，詳細介紹 3 類基於生成對抗網路的方法：基於條件生成對抗網絡的基本方法、基於多階段生成網路的方法和基於注意力生成網路的方法。下面將闡述這些方法的核心思想，並介紹相應的代表模型在當時所做的技術貢獻。

8.2.1 基於條件生成對抗網路的基本方法

1. 模型結構

　　如圖 8.8 所示，基於條件生成對抗網路的基本方法使用的模型的輸入由隨機雜訊 z 和文字的整體表示 x^T 拼接而成。生成器網路 G 包含了一系列上採樣模組，將輸入轉換成合成影像 $\hat{x}^I$，即

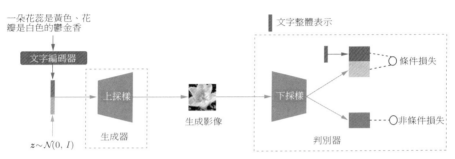

▲ 圖 8.8 基於條件生成對抗網路的基本模型示意圖

$$\hat{x}^I = G(z, x^T) \tag{8.2.1}$$

　　判別器網路封包含了一系列下採樣模組，將影像轉為特徵圖後分為兩個分支：條件分支和非條件分支。其中，條件分支將特徵圖和文字整體表示拼接，獲得文字描述和影像的匹配可信度；非條件分支直接輸出影像的可信度。我們將條件分支和非條件分支的轉換函式分別記為 D^c 和 D^u。

2. 損失函式

　　和判別器網路的輸出分支對應，模型的損失函式包括條件損失和無條件損失：條件損失衡量生成影像和文字是否匹配；無條件損失單獨衡量生成影像的可信度。

　　生成器損失的條件損失的目標是使得 < 文字描述，生成影像 > 的匹配可信度盡可能高；無條件損失的目標是使得生成影像的可信度盡可能高。其具體形式為

$$\mathcal{L}_G = -\mathbb{E}_{\hat{x}^I \sim p_G}[\log(D^c(\hat{x}^I, \boldsymbol{x}^T))] - \mathbb{E}_{\hat{x}^I \sim p_G}[\log(D^u(\hat{x}^I))] \tag{8.2.2}$$

其中，$\hat{x}^I \sim p_G$ 代表 $\hat{x}^I$ 是合成影像。

　　判別器損失的條件損失的目標是使得 <文字描述，合成影像> 的匹配可信度盡可能高，<文字描述，真實影像> 的匹配可信度盡可能低，以及 <隨機採樣的不匹配文字描述，真實影像> 的匹配可信度盡可能低；無條件損失的目標是使得合成影像的可信度盡可能低，真實影像的可信度盡可能高。其具體形式如下。

$$\begin{aligned}
\mathcal{L}_D = & -\mathbb{E}_{x^I \sim p_{\text{data}}}[\log(D^c(x^I, \boldsymbol{x}^T))] \\
& -\mathbb{E}_{\hat{x}^I \sim p_G}[\log(1 - D^c(\hat{x}^I, \boldsymbol{x}^T))] - \mathbb{E}_{x^I \sim p_{\text{data}}}[\log(1 - D^c(x^I, \boldsymbol{x}^{T-}))] \\
& -\mathbb{E}_{x^I \sim p_{\text{data}}}[\log(D^u(x^I))] - \mathbb{E}_{\hat{x}^I \sim p_G}[\log(1 - D^u(\hat{x}^I))]
\end{aligned} \tag{8.2.3}$$

其中，$\boldsymbol{x}^{T-}$ 為和影像 x^I 不匹配的文字的整體表示，$x^I \sim p_{\text{data}}$ 代表 x^I 是真實影像。需要說明的是，也有很多模型僅使用條件損失，相應地，其判別器網路也僅包含條件分支。

3. 訓練過程

　　輸入：成對圖文訓練樣本組成的小量。記影像為 x^I，文字為 x^T。

　　輸出：訓練後的生成器與判別器模型參數。

　　過程：

　　（1）提取文字 x^T 的整體表示 $\boldsymbol{x}^T$；

　　（2）從高斯雜訊中隨機採樣雜訊 z；

　　（3）依據式 (8.2.1)，將拼接的輸入 $(z,\boldsymbol{x}^T)$ 轉為合成影像 $\hat{x}^I$；

　　（4）依據式 (8.2.3) 計算判別器損失，更新判別器網路的參數。

　　（5）依據公式 (8.2.2) 計算生成器損失，更新生成器網路的參數。

4. 代表模型

2016 年提出的 GAN-CLS[156] 是首個基於條件生成對抗網路的文字生成影像模型，其成功地從文字描述中生成了解析度為 64×64 像素的「自然」圖片。

具體實現上，GAN-CLS 模型的文字編碼透過一個預先訓練好的圖文跨模態匹配模型[161] 獲得，該跨模態匹配模型的文字編碼器和影像編碼器分別為 char-CNN-RNN 和 GoogLeNet，透過在 5.2.2 節介紹過的排序損失訓練圖文編碼器。這樣，訓練好的文字編碼器就可用於獲得文字的編碼，其權重在 GAN-CLS 的訓練過程中保持不變。GAN-CLS 模型的生成器網路中的上採樣模組由轉置卷積、批次規範化和 LeakyRelu 啟動函式組成，判別器網路中的下採樣模組由卷積、批次規範化和 LeakyRelu 啟動函式組成，且僅包含條件分支。GAN-CLS 模型就僅使用了條件損失。

總之，GAN-CLS 模型的研究貢獻包括：

（1）採用了預訓練的多模態文字編碼器，使得文字不再是和影像差異較大的離散符號，降低了生成器的學習難度；

（2）判別器損失首次使用了降低 <隨機採樣的不匹配文字描述，真實影像> 的可信度的最佳化目標，這保證了模型能夠生成和語義描述一致的影像；

（3）在 CUB、Oxford-102 和 MS COCO3 個資料集上進行了實驗，後面的研究工作基本都採用了這些資料集。

8.2.2 基於多階段生成網路的方法

為了生成更高解析度的影像，一些研究者採用了多階段的生成方式：先基於文字生成低解析度影像，為目標繪製大概的形狀和基本顏色；再以文字和前一階段生成的影像為輸入，繪製更高解析度的影像，不斷改正低解析度圖片的錯誤，並完善其細節。根據多個階段是否聯合訓練，採用基於多階段生成網路的方法的模型可以分成兩類：分階段訓練的模型和多階段聯合訓練的模型。下面分別介紹這兩類模型。

1. 分階段訓練的模型

分階段訓練的模型將高解析度的影像生成過程分為多個階段：第一階段生成低解析度影像，之後的每一個階段都將前面生成的低解析度影像上採樣至較高解析度的影像。

第一階段模型的結構和基於條件生成對抗網路的基本模型相同，以隨機雜訊和文字的整體表示為輸入，生成低解析度影像。

如圖 8.9 所示，之後每一階段模型的生成器網路都首先使用融合模組整合前一階段合成的影像和文字整體表示，然後透過殘差模組進行特徵轉換，最後再經過上採樣模組，生成較高解析度的影像。這些階段模型的判別器網路和第一階段相同，包含了一系列下採樣模組。只是由於這些階段模型的判別器網路的輸入影像的解析度更高，因此其所包含的下採樣模組的數量更多。

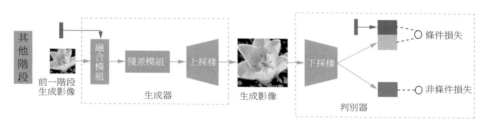

▲ 圖 8.9 分階段訓練的模型的其他階段示意圖

2. 分階段訓練的代表模型

StackGAN[157] 是首個利用多個條件生成對抗網路從文字描述中生成較高解析度圖片的模型，其成功生成了解析度為 256×256 像素的「自然」影像。

具體實現上，StackGAN 將高解析度的影像生成過程分為兩個階段：第一階段生成解析度為 64×64 像素的影像；第二階段將前面生成的 64×64 的影像上採樣至 256×256 像素的影像。

StackGAN 模型的第一階段的輸入同樣包括雜訊和文字整體表示，但是在文字整體表示之後，使用了條件增強（conditioning augmentation，CA）模組進行加強。CA 模組的動機為：文字資料是高維離散的，會造成隱藏空間不連續，當資料量不夠大時，判別器不易被充分訓練。為此，其利用兩個全連接神經網路，以文字整體表示為輸入，獲得平均值和方差，從該平均值和方差組成的高斯分佈中隨機採樣獲得增強的文字表示。該增強操作和變分自編碼器的編碼器完全一致，增強的文字表示分佈也需要向標準正態分佈看齊。值得注意的是，CA 模組引入了雜訊，因此，對於同一個文字，即使另外一個輸入雜訊不變，其生成的影像也會有變化。最終，將雜訊和增強的文字表示拼接得到生成器網路的輸入。

第一階段模型的生成器網路中的上採樣模組由最近鄰上採樣、批次規範化和 ReLU 啟動函式組成，最後一個上採樣模組不使用批次規範化，且使用 tanh 啟動函式，將輸入轉換成解析度為 64×64 像素的合成影像。第一階段模型的判別器網路中的下採樣模組由卷積、批次規範化和 LeakyRelu 啟動函式組成，第一個下採樣模組不使用批次規範化。

第二階段模型的生成器網路首先融合增強的文字表示和第一階段合成的影像。具體來說，增強的文字表示透過空間複製操作形狀由 128 變為 $128 \times 16 \times 16$，第一階段合成的影像透過下採樣模組形狀由 $3 \times 64 \times 64$ 變為 $512 \times 16 \times 16$，二者拼接後形狀為 $(128+512) \times 16 \times 16$，即融合模組的輸出。然後，再經過由核心大小為 3×3 的卷積、批次規範化和 ReLU 啟動函式組成的殘差模組，最後再經過 4 個由最近鄰上採樣、批次規範化和 ReLU 啟動函式組成的上採樣模組，生成形狀為 $3 \times 256 \times 256$ 的影像。和第一階段模型一樣，第二階段模型的判別器網路中的下採樣模組也由卷積、批次規範化和 LeakyRelu 啟動函式組成，且第一個下採樣模組不使用批次規範化。

StackGAN 模型兩個階段都僅採用了條件損失函式。此外，第一階段的生成器損失增加了 CA 模組引入的增強文字表示分佈和標準正態分佈之間的 KL 散度損失，即

$$\mathcal{L}_{kl} = D_{kl}(\mathcal{N}(\mu(\boldsymbol{x}^T), \Sigma(\boldsymbol{x}^T)) || \mathcal{N}(0, I)) \tag{8.2.4}$$

總之，StackGAN 模型的研究貢獻包括：

（1）採用了從低解析度影像到高解析度影像的遞進生成過程，將高解析度影像生成困難分散在不同的階段；

（2）引入了 CA 模組，緩解了文字資料隱藏空間不連續帶來的判別器訓練問題；

（3）使用 IS 來評測影像的生成品質，不再僅使用人工評測。

3. 多階段聯合訓練的模型

多階段聯合訓練的模型同樣採用了多組生成器和判別器組成的多個階段的模型結構，但是其所有生成器可以聯合訓練。

如圖 8.10 所示，模型的第一階段的輸入和之前的模型完全相同，包含隨機雜訊和文字整體表示。第一階段的生成器網路被明確分為兩部分：第一部分透過多個上採樣模組組成的轉換網路將輸入轉換成形狀為目標解析度的特徵圖；第二部分利用卷積操作將特徵圖的通道數轉為 3，即合成影像。

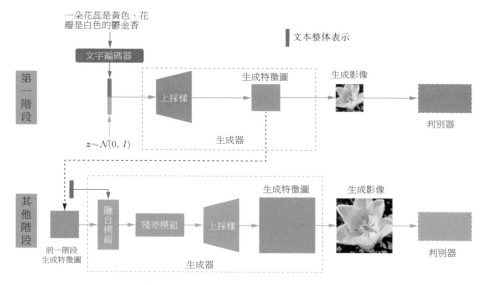

▲ 圖 8.10 多階段聯合訓練的模型示意圖

模型之後每一階段的生成器網路同樣被明確分為兩部分：第一部分利用融合模組將前一階段生成的特徵圖和文字整體表示進行整合，然後透過多個殘差區塊和一個上採樣區塊組成的轉換網路，將其轉換成解析度加倍的特徵圖；第二部分同樣利用卷積操作將特徵圖的通道數轉為 3，即合成影像。

需要注意的是，生成高解析度影像的損失函式所產生的梯度可以透過低解析度特徵圖傳遞給前一階段的生成器網路，因此所有階段的生成器網路是聯合訓練的。

4. 多階段聯合訓練的代表模型

StackGAN-v2[158] 是首次利用多階段聯合訓練模型生成解析度為 256×256 像素的「自然」影像的工作。

具體實現上，StackGAN-v2 模型使用了三階段聯合訓練模型，分別生成解析度為 64×64 像素、128×128 像素和 256×256 像素的影像。其文字端也是使用 CA 模組增強後的文字表示，並使用了之前介紹的包含條件分支和非條件分支的判別器，以及結合條件損失和非條件損失的損失函式。

總之，StackGAN-v2 模型的研究貢獻包括：

（1）採用了多個生成器可以聯合訓練的多階段生成框架，可以採用點對點的訓練方式，該框架被之後的研究工作廣泛使用；

（2）之後的研究工作廣泛使用；

（3）增加了 FID 來評測影像的生成品質。

8.2.3 基於注意力生成網路的方法

基於注意力生成網路的方法建立了文字描述中詞到影像區域的「注意力」，同時捕捉了文字描述的詞等級和句子等級的資訊。

如圖 8.11 所示，基於注意力生成網路方法建構的模型使用的文字編碼器除了提取文本的整體表示，還提取文字的局部表示。模型的第一階段輸入還是僅包含文字的整體表示和雜訊，生成器網路和判別器網路的結構也與剛才介紹的多階段聯合訓練模型的第一階段相同。

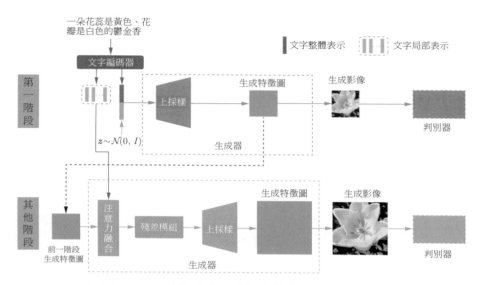

▲ 圖 8.11 基於注意力生成網路的方法的模型示意圖

「注意力」主要表現在第二階段中的融合模組。和之前的模型相比，注意力生成網路模型中的融合模組的文字輸入端不再是文字的整體表示，而是文字的局部表示。也就是說，這裡融合模組使用注意力機制融合文字的局部表示和前一階段網路生成的特徵圖。

代表模型

AttnGAN[36] 是首個利用注意力生成網路的方法生成解析度為 256×256 像素的「自然」影像的模型。

AttnGAN 模型所使用的文字編碼器為雙向 LSTM。文字整體表示取最後一個詞對應的隱藏層表示，記為 $\bar{e} \in \mathbb{R}^D$，文字局部表示取每個詞對應的隱藏層表示，記為 $e \in \mathbb{R}^{D \times T}$，其中 D 為詞表示維度，T 為句子中詞的數量。AttnGAN 模型的注意力融合模組使用的是交叉注意力。假定特徵圖為卷積特徵圖 $h \in \mathbb{R}^{D \times N}$，其中 N 是卷積特徵圖的像素數，即寬和高的乘積，注意力融合的具體步驟如下。

（1）將詞表示和目標融合空間維度對齊：

$$e' = Ue \tag{8.2.5}$$

其中，$U \in \mathbb{R}^{\hat{D} \times D}$。

（2）以卷積特徵圖的每個區域表示作為查詢，「詞表示」作為鍵和值，執行交叉注意力操作：

$$c_j = \sum_{i=0}^{T-1} \alpha'_{ji} e'_i \tag{8.2.6}$$

其中，

$$\alpha'_{ji} = \frac{\exp(\alpha_{j,i})}{\sum\limits_{k=0}^{T-1} \exp(\alpha_{j,k})} \tag{8.2.7}$$

$$\alpha_{ji} = h_j^T e'_i$$

（3）將 $(c_1, c_2, \cdots, c_{N-1}) \in \mathbb{R}^{\hat{D} \times N}$ 和卷積特徵圖在通道維度拼接起來得到最終的融合結果。

在損失函式方面，AttnGAN 模型沿用 StackGAN-v2 的損失函式，但是最後一個階段的生成器損失多了一個匹配損失以增加圖文一致性。圖文一致性透過預先訓練的深度注意力多模態相似性模型（deep attentional multimodal similarity model，DAMSM）計算而得，該匹配損失也稱為 DAMSM 損失。

DAMSM 模型是一個同時考慮了整體表示和局部表示的圖文對齊模型。DAMSM 模型的文字編碼器和注意力生成網路中使用的文字編碼器完全一致。實際上，注意力生成網路中使用的文字編碼器的權重來自 DAMSM 模型，並在文字生成影像模型的訓練過程中保持固定。影像編碼器是 ImageNet 上預訓練的 inception v3 網路，局部表示為從 mixed_6e 層提取網格表示；整體表示為 mixed_7c 經過平均聚合層的結果。總之，AttnGAN 模型的研究貢獻包括：

（1）首次在生成器網路中引入了注意力機制，使得模型可以關注更細粒度的文字特徵；

（2）首次在損失函式中引入顯示的圖文多模態對齊約束項，提升了圖文一致性；

（3）提出了新的定量評測指標 R-precision，這也是文字生成影像領域首個定量自動評測圖文一致性的指標。

之後的絕大多數基於生成對抗網路的方法都遵循 AttnGAN 的框架，即包含 3 個模組：注意力生成式網路、判別式網路和顯式的圖文對齊模型。舉例來說，2019 年發表的 Mirror-GAN[48] 和 DMGAN[49] 都遵循 AttnGAN 的框架，但是分別對顯式的圖文對齊模型和注意力生成式網路進行了改進。其中，MirrorGAN 提出了新的顯示對齊影像和文字的方法，即讓由文字描述生成的影像再反過來生成文字，使得生成的文字和原始文字對齊；DMGAN 則提出了新的注意力生成式網路，即使用動態的記憶模組融合文字描述和前一階段生成的影像。

8.3 實戰案例：基於注意力的影像描述

8.3.1 影像描述技術簡介

影像描述的關鍵是生成自然語言描述影像中可以用語言表述的部分。傳統的影像描述技術首先透過分析視覺內容預測給定影像最可能包含的語義資訊，並顯式地轉化為語言標籤（通常為單字、短語或其他結構化描述），再基於這些標籤生成自然語言描述句子。這類方法均使用以下的管道式結構實現影像描述任務。

（1）使用電腦視覺技術對場景進行分類，檢測影像中存在的物件，預測它們的屬性以及它們之間的關係，辨識發生的動作，將它們映射為一些基本的自然語言描述單元，例如單字、短語或其他結構化描述。

（2）透過自然語言生成技術（如範本、n-gram、語法規則等）將這些單字或短語進行組合，生成自然語言描述句子。

這種管道式方法雖然充分利用了兩個領域的現有技術，設計了一套簡單可控的解決方案，然而，也存在若干問題：其一，分階段的方式限制了兩個模態資料間的資訊互動；其二，這種方法高度依賴預先定義的場景、物件、屬性和動作的封閉語義類集；其三，這種分階段的模型存在誤差累積問題，前面任務的誤差在後面階段會放大；其四，無法以點對點的方式訓練。

當前主流的影像描述技術大多採用基於編解碼框架的方法直接學習影像到文字描述的映射，其核心思想是建模一個以影像為條件的語言模型，計算視覺模式與文字模式的共現機率；其技術基礎是深層神經網路對圖文兩種不同模態資料的通用表示學習能力，可以形成一個點對點的編解碼模型結構。此類方法中所使用的模型可以被點對點地訓練，且不需要顯式地定義影像和文字之間的橋樑（狀態表示），可以有效避免前述管道式方法的問題。

不和的影像描述編解碼模型的差別在於，其影像編碼器和文字解碼器所使用的結構的不同。表 8.1 列舉了深度學習時代常見的影像描述轉碼器組合。

▼ **表 8.1　常見的影像描述轉碼器組合**

影像編碼器	文字解碼器
CNN 整體表示	RNN
CNN 網格表示	RNN+ 交叉注意力
CNN 區域表示	RNN+ 交叉注意力
CNN 區域表示 + 自注意力	RNN+ 交叉注意力
CNN 區域表示 + 圖神經網路	RNN+ 交叉注意力
CNN 區域表示 +transformer 編碼模組	transformer 解碼模組
視覺 transformer	transformer 解碼模組

接下來將介紹一個影像編碼器為 CNN 網格表示提取器、文字解碼器為 RNN+ 注意力的影像描述方法的具體實現。我們的實現大體上是在複現 ARCTIC 模型 [64]，但是細節上有一些改變，下面的實現過程會對這些改變做具體說明。此外，連結 1 舉出了一個更接近原始 ARCTIC 模型的程式庫，推薦大家閱讀。本節部分程式的實現想法也受到該程式庫的啟發。

1　https://github.com/sgrvinod/a-PyTorch-Tutorial-to-Image-Captioning

下面依然按照讀取資料、定義模型、定義損失函式、選擇最佳化方法、選擇評估指標和訓練模型的次序，描述該實戰案例。

8.3.2 讀取資料

我們使用和 VSE++ 相同的資料集 Flickr8k，其讀取資料流程和 VSE++ 完全一致。

5.3.3 節中已經介紹了其下載方式、劃分方法、資料集類別和批次讀取資料的方法，這裡不再贅述。

8.3.3 定義模型

ARCTIC 模型是一個典型的基於注意力的編解碼模型，其編碼器為影像網格表示提取器，解碼器為循環神經網路。解碼器每生成一個詞時，都利用注意力機制考慮當前生成的詞和影像中的哪些網格更相關。

1. 影像編碼器

ARCTIC 原始模型使用在 ImageNet 資料集上預訓練過的分類模型 VGG19 作為影像編碼器，VGG19 最後一個卷積層作為網格表示提取層。這裡使用 ResNet-101 作為影像編碼器，並將其最後一個非全連接層作為網格表示提取層。

```python
import torch.nn as nn
import torchvision
from torchvision.models import ResNet101_Weights
class ImageEncoder(nn.Module):
    def init (self, finetuned=True):
        super(ImageEncoder, self). init ()
        model = torchvision . models . resnet101(weights=ResNet101_
Weights . DEFAULT)
        # ResNet-101 網格表示提取器
        self.grid_rep_extractor = nn.Sequential(*(list(model.children())[:-
2]))
        for param in self.grid_rep_extractor.parameters():
```

（接下頁）

（接上頁）

```
            param.requires_grad = finetuned

    def forward(self, images):
            out = self.grid_rep_extractor(images)
            return out
```

2. 文字解碼器

　　ARCTIC 原始模型使用結合注意力的 LSTM 作為文字解碼器，這裡使用結合注意力的 GRU 作為文字解碼器，注意力評分函式採用的是加性注意力。下面舉出加性注意力和解碼器的具體實現。

　　3.3.1 節已經介紹過加性注意力評分函式，其具體形式為 $W_2^T \tanh(W_1[q_i; k_j])$。在實現上，首先將權重 W_1 依照查詢 q 和鍵 k 的維度，相應地拆成兩組權重，分別將單一查詢和一組鍵映射到注意力函式隱藏層表示空間；然後將二者相加得到一組維度為 attn_dim 的表示，並在經過非線性變換後，使用形狀為 (attn_dim, 1) 的權重 W_2 將其映射為一組數值；再透過 softmax 函式獲取單一查詢和所有鍵的連結程度，即歸一化的相關性分數；最後以相關性得分為權重，對值進行加權求和，計算輸出特徵。這裡的值和鍵是同一組向量表示。

```
class AdditiveAttention(nn.Module):
    def init (self, query_dim, key_dim, attn_dim):
            """(1)
            參數：
                    query_dim: 查詢 Q 的維度
                    key_dim: 鍵 K 的維度
                    attn_dim:  注意力函式隱藏層表示的維度
            """
            super(AdditiveAttention, self). init ()
            self.attn_w_1_q = nn.Linear(query_dim, attn_dim)
            self.attn_w_1_k = nn.Linear(key_dim, attn_dim)
            self.attn_w_2 = nn.Linear(attn_dim, 1)
            self.tanh = nn.Tanh() self.softmax = nn.Softmax(dim=1)
```

（接下頁）

（接上頁）

```
def forward(self, query, key_value):
    """
    Q K V：Q 和 K 算出相關性得分，作為 V 的權重，K=V
    參數：
        query: 查詢 (batch_size, q_dim)
        key_value: 鍵和值，(batch_size, n_kv, kv_dim)
    """
    # （2）計算 query 和 key 的相關性，實現注意力評分函式
    # -> (batch_size, 1, attn_dim)
    queries = self.attn_w_1_q(query).unsqueeze(1)
    # -> (batch_size, n_kv, attn_dim)
    keys = self.attn_w_1_k(key_value)
    # -> (batch_size, n_kv)
    attn = self.attn_w_2(self.tanh(queries+keys)).squeeze(2)
    # （3）歸一化相關性分數
    # -> (batch_size, n_kv)
    attn = self.softmax(attn)
    # （4）計算輸出
    # (batch_size x 1 x n_kv)(batch_size x n_kv x kv_dim)
    # -> (batch_size, 1, kv_dim)
    output = torch.bmm(attn.unsqueeze(1), key_value).squeeze(1)
    return output, attn
```

解碼器前饋過程的實現流程如下。

（1）將圖文資料按照文字的實際長度從長到短排序，這是為了模擬 pack_padded_se-quence 函式的思想，方便後面使用動態的批大小，以避免參與運算帶來的非必要的計算消耗。

（2）在第一時刻解碼前，使用影像表示初始化 GRU 的隱狀態。

（3）解碼的每一時刻的具體操作可分解為以下 4 個子操作。

- （3.1）獲取實際的批大小；

- （3.2）利用 GRU 前一時刻最後一個隱藏層的狀態作為查詢，影像表示作為鍵和值，獲取上下文向量；

- （3.3）將上下文向量和當前時刻輸入的詞表示拼接起來，作為 GRU 該時刻的輸入，獲得輸出；

- （3.4）使用全連接層和 softmax 啟動函式將 GRU 的輸出映射為詞表上的機率分佈。

```python
class AttentionDecoder(nn.Module):
    def __init__(self, image_code_dim, vocab_size, word_dim,
                       attention_dim, hidden_size, num_layers,
                       dropout=0.5):
        super(AttentionDecoder, self).__init__()
        self.embed = nn.Embedding(vocab_size, word_dim)
        self.attention = AdditiveAttention(hidden_size, image_code_dim, attention_dim)
        self.init_state = nn.Linear(image_code_dim, num_layers*hidden_size)
        self.rnn = nn.GRU(word_dim + image_code_dim, hidden_size, num_layers)
        self.dropout = nn.Dropout(p=dropout)
        self.fc = nn.Linear(hidden_size, vocab_size)
        # RNN 預設已初始化
        self.init_weights()
def init_weights(self):
    self.embed.weight.data.uniform_(-0.1, 0.1)
    self.fc.bias.data.fill_(0)
    self.fc.weight.data.uniform_(-0.1, 0.1)


def init_hidden_state(self, image_code, captions, cap_lens):
    """
    參數：
            image_code：影像編碼器輸出的影像表示
                    (batch_size, image_code_dim, grid_height, grid_width)
    """
    # 將影像網格表示轉為序列表示形式
    batch_size, image_code_dim = image_code.size(0), image_code.size(1)
    # -> (batch_size, grid_height, grid_width, image_code_dim)
    image_code = image_code.permute(0, 2, 3, 1)
    # -> (batch_size, grid_height * grid_width, image_code_dim)
    image_code = image_code.view(batch_size, -1, image_code_dim)
    # （1）按照 caption 的長短排序
    sorted_cap_lens, sorted_cap_indices = torch.sort(cap_lens, 0, True)
    captions = captions[sorted_cap_indices]
    image_code = image_code[sorted_cap_indices]
    # （2）初始化隱狀態
```

（接下頁）

（接上頁）

```python
        hidden_state = self.init_state(image_code.mean(axis=1))
        hidden_state = hidden_state.view(
                        batch_size, self.rnn.num_layers,
                        self.rnn.hidden_size).permute(1, 0, 2)
        return image_code, captions, sorted_cap_lens, sorted_cap_indices, hidden_state

def forward_step(self, image_code, curr_cap_embed, hidden_state):
        #（3.2）利用注意力機制獲得上下文向量
        # query：hidden_state[-1]，即最後一個隱藏層輸出 (batch_size, hidden_size)
        # context: (batch_size, hidden_size)
        context, alpha = self.attention(hidden_state[-1], image_code)
        #（3.3）以上下文向量和當前時刻詞表示為輸入，獲得 GRU  輸出
        x = torch.cat((context, curr_cap_embed), dim=-1).unsqueeze(0)
        # x: (1, real_batch_size, hidden_size+word_dim)
        # out: (1, real_batch_size, hidden_size)
        out, hidden_state = self.rnn(x, hidden_state)
        #（3.4）獲取該時刻的預測結果
        # (real_batch_size, vocab_size)
        preds = self.fc(self.dropout(out.squeeze(0)))
        return preds, alpha, hidden_state

def forward(self, image_code, captions, cap_lens):
        """
        參數：
                hidden_state: (num_layers, batch_size, hidden_size)
                image_code: (batch_size, feature_channel, feature_size)
                captions: (batch_size, )
        """
        # （1）將圖文資料按照文字的實際長度從長到短排序
        # （2）獲得 GRU 的初始隱狀態
        image_code, captions, sorted_cap_lens, sorted_cap_indices, hidden_state \
              = self.init_hidden_state(image_code, captions, cap_lens)
        batch_size = image_code.size(0)
        # 輸入序列長度減 1，因為最後一個時刻不需要預測下一個詞
        lengths = sorted_cap_lens.cpu().numpy() - 1
        # 初始化變數：模型的預測結果和注意力分數
        predictions = torch.zeros(batch_size, lengths[0], self.fc.out_features)
```

（接下頁）

（接上頁）

```
        predictions = predictions.to(captions.device)
        alphas = torch.zeros(batch_size, lengths[0], image_code.shape[1])
        alphas = alphas.to(captions.device)
        # 獲取文字嵌入表示 cap_embeds: (batch_size, num_steps, word_dim)
        cap_embeds = self.embed(captions)
        # Teacher-Forcing 模式
        for step in range(lengths[0]):
                # （3）解碼
                # （3.1）模擬 pack_padded_sequence 函式的原理，獲取該時刻的非 <pad> 輸入
                real_batch_size = np.where(lengths>step)[0].shape[0]
                preds, alpha, hidden_state = self.forward_step(
                            image_code[:real_batch_size],
                            cap_embeds[:real_batch_size, step, :],
                            hidden_state[:, :real_batch_size, :].contiguous())
                # 記錄結果
                predictions[:real_batch_size, step, :] = preds
                alphas[:real_batch_size, step, :] = alpha
        return predictions, alphas, captions, lengths, sorted_cap_indices
```

在定義編碼器和解碼器完成之後，就很容易建構影像描述模型 ARCTIC 了。僅在初始化函式時宣告編碼器和解碼器，然後在前饋函式實現裡將編碼器的輸出和文字描述作為解碼器的輸入即可。

這裡額外定義了束搜尋採樣函式，用於生成句子，以計算 BLEU 值。下面的程式詳細標注了其具體實現。

```
class ARCTIC(nn.Module):
    def __init__(self, image_code_dim, vocab, word_dim,
                    attention_dim, hidden_size, num_layers):
        super(ARCTIC, self).__init__()
        self.vocab = vocab
        self.encoder = ImageEncoder()
        self.decoder = AttentionDecoder(image_code_dim, len(vocab),
                            word_dim, attention_dim,
                            hidden_size,  num_layers)

    def forward(self, images, captions, cap_lens):
```

（接下頁）

8 多模態轉換

（接上頁）

```
            image_code = self.encoder(images)
            return self.decoder(image_code, captions, cap_lens)

    def generate_by_beamsearch(self, images, beam_k, max_len):
            vocab_size = len(self.vocab)
            image_codes = self.encoder(images)
            texts = []
            device = images.device
            # 對每個影像樣本執行束搜尋
            for image_code in image_codes:
                    # 將影像表示複製 k 份
                    image_code = image_code.unsqueeze(0).repeat(beam_k,1,1,1)
                    # 生成 k 個候選句子，初始時，僅包含開始符號 <start>
                    cs_shape = (beam_k, 1)
                    cur_sents = torch.full(cs_shape, self.vocab['<start>'],
dtype=torch.long)
                    cur_sents = cur_sents.to(device)
                    cur_sent_embed = self.decoder.embed(cur_sents)[:,0,:]
                    sent_lens = torch.LongTensor([1]*beam_k).to(device)
                    # 獲得 GRU 的初始隱狀態
                    image_code, cur_sent_embed, _, _, hidden_state = \
                            self.decoder.init_hidden_state(image_code, cur_sent_
embed, sent_lens)
                    # 儲存已完整生成的句子（以句子結束符號 <end> 結尾的句子）
                    end_sents = []
                    # 儲存已完整生成的句子的機率
                    end_probs = []
                    # 儲存未完整生成的句子的機率
                    probs = torch.zeros(beam_k, 1).to(device)
                    k = beam_k
                    while True:
                            preds, _, hidden_state = \
                                    self.decoder.forward_step(
                                            image_code[:k], cur_sent_embed,
                                            hidden_state.contiguous())
                            # -> (k, vocab_size)
                            preds = nn.functional.log_softmax(preds, dim=1)
```

（接下頁）

（接上頁）

```
                        # 對每個候選句子採樣機率值最大的前 k 個單字生成 k 個新的候
選句子，

                        # 並計算機率
                        # -> (k, vocab_size)
                        probs = probs.repeat(1,preds.size(1)) + preds
                    if cur_sents.size(1) == 1:
                        # 第一步時，所有句子都只包含開始識別字
                        # 因此，僅利用其中一個句子計算 topk
                        values, indices = probs[0].topk(k, 0, True, True)
                    else:
                        # probs: (k, vocab_size) 是二維張量
                        # topk 函式直接應用於二維張量會按照指定維度取最大值
                        # 這裡需要在全域取最大值
                        # 因此，將 probs 轉為一維張量，再使用 topk 函式獲取最大的
k 個值

                        values, indices = probs.view(-1).topk(k, 0, True,
True)

                    # 計算最大的 k 個值對應的句子索引和詞索引
                    sent_indices = torch.div(indices, vocab_size, rounding_
mode='trunc')

                    word_indices = indices % vocab_size
                    # 將詞拼接在前一輪的句子後，獲得此輪的句子
                    cur_sents = torch.cat([cur_sents[sent_indices],
                                    word_indices.unsqueeze(1)], dim=1)
                    # 查詢此輪生成句子結束符號 <end> 的句子
                    end_indices = [idx for idx, word in enumerate(word_indices)
                            if word == self.vocab['<end>']]
                    if len(end_indices) > 0: end_probs.extend(values[end_indices])
                            end_sents.extend(cur_sents[end_indices].tolist())
                            # 如果所有句子都包含結束符號，則停止生成
                            k -=len(end_indices)
                            if k == 0:
                                    break
                    # 查詢還需要繼續生成詞的句子
                    cur_indices = [idx for idx, word in enumerate(word_indices)
                                    if word != self.vocab['<end>']]
                    if len(cur_indices) > 0:
                            cur_sent_indices = sent_indices[cur_indices]
```

（接下頁）

（接上頁）

```
                                cur_word_indices = word_indices[cur_indices]
                                # 僅保留還需要繼續生成的句子、句子機率、隱狀態、詞嵌入
                                cur_sents = cur_sents[cur_indices]

                                        probs = values[cur_indices].view(-1,1)
                                        hidden_state = hidden_state[:,cur_sent_
indices,:]

                                        cur_sent_embed = self.decoder.embed(
                                                cur_word_indices.view(-1,1))[:,0,:]
                                # 句子太長，停止生成
                                if cur_sents.size(1) >= max_len:
                                        break
                        if len(end_sents) == 0:
                                # 如果沒有包含結束符號的句子，則選取第一個句子作為生成句子
                                gen_sent  =  cur_sents[0].tolist()
                        else:
                                # 否則選取包含結束符號的句子中機率最大的句子
                                gen_sent = end_sents[end_probs.index(max(end_probs))]
                        texts.append(gen_sent)
                return texts
```

8.3.4 定義損失函式

這裡採用交叉熵損失作為損失函式。由於同一訓練批次裡的文字描述的長度不一致，因此有大量不需要計算損失的目標。為了避免運算資源的浪費，這裡首先將資料按照文字長度排序，然後利用 pack_padded_sequence 函式將預測目標為資料去除，最後利用交叉熵損失計算實際的損失。

```
class PackedCrossEntropyLoss(nn.Module):
        def   init  (self):
                super(PackedCrossEntropyLoss, self). init ()
                self.loss_fn = nn.CrossEntropyLoss()

        def forward(self, predictions, targets, lengths):
                """
                參數：
```

（接下頁）

（接上頁）

```
                    predictions：按文字長度排序過的預測結果
                    targets：按文字長度排序過的文字描述
                    lengths：文字長度
        """
        predictions = pack_padded_sequence(predictions, lengths, batch_first=True)[0]
        targets = pack_padded_sequence(targets, lengths, batch_first=True)[0]
        return self.loss_fn(predictions, targets)
```

8.3.5 選擇最佳化方法

這裡選用 Adam 最佳化演算法更新模型參數，由於資料集較小，訓練輪次少，因此，學習速率在訓練過程中並不調整，但是對編碼器和解碼器採用了不同的學習速率。具體來說，預訓練的影像編碼器的學習速率小於需要從頭開始訓練的文字解碼器的學習速率。

```
def get_optimizer(model, config):
        enc_params = filter(lambda p: p.requires_grad, model.encoder.parameters())
        enc_lr = config.encoder_learning_rate
        dec_params = filter(lambda p: p.requires_grad, model.decoder.parameters())
        dec_lr = config.decoder_learning_rate
        return torch.optim.Adam([{"params": enc_params, "lr": enc_lr},
                                 {"params": dec_params, "lr": dec_lr}])


def adjust_learning_rate(optimizer, epoch, config):
        """
                每隔 lr_update 個輪次，學習速率減小至當前學習速率的 1/10，
                實際上，我們並未使用該函式，這裡是為了展示在訓練過程中調整學習速率的方法
        """
        enc_lr = config.encoder_learning_rate * (0.1 ** (epoch // config.lr_update))
        dec_lr = config.decoder_learning_rate * (0.1 ** (epoch // config.lr_update))
        optimizer.param_groups[0]['lr'] = enc_lr
        optimizer.param_groups[1]['lr']  =  dec_lr
```

8.3.6 選擇評估指標

　　這裡借助 nltk 函式庫實現了影像描述中最常用的評估指標 BLEU 值。需要注意的是，在呼叫並計算 BLEU 值之前，要先將文字中人工新增的文字開始符號、結束符號和預留位置去掉。

```python
from nltk.translate.bleu_score import corpus_bleu

def filter_useless_words(sent, filterd_words):
    # 去除句子中不參與 BLEU 值計算的符號
    return [w for w in sent if w not in filterd_words]

def evaluate(data_loader, model, config):
    model.eval()
    # 儲存候選文字
    cands = []
    # 儲存參考文字
    refs = []
    # 需要過濾的詞
    filterd_words = set({model.vocab['<start>'],
                         model.vocab['<end>'],
                         model.vocab['<pad>']})
    cpi = config.captions_per_image
    device = next(model.parameters()).device
    for i, (imgs, caps, caplens) in enumerate(data_loader):
            with torch.no_grad():
                    # 透過束搜尋，生成候選文字
                    texts = model.generate_by_beamsearch(
                            imgs.to(device), config.beam_k, config.max_len+2)
                    # 候選文字
                    cands.extend([filter_useless_words(text, filterd_words)
                                    for text in texts])
                    # 參考文字
                    refs.extend([filter_useless_words(cap, filterd_words)
                                    for cap in caps.tolist()])
    # 實際上，每個候選文字對應 cpi 筆參考文字
    multiple_refs = []
```

（接下頁）

（接上頁）

```
for idx in range(len(refs)):
        multiple_refs.append(refs[(idx//cpi)*cpi : (idx//cpi)*cpi+cpi])
# 計算 BLEU-4 值，corpus_bleu 函式預設 weights 權重為 (0.25,0.25,0.25,0.25)
# 即計算 1-gram 到 4-gram 的 BLEU 幾何平均值
bleu4 = corpus_bleu(multiple_refs, cands, weights=(0.25,0.25,0.25,0.25))
model.train()
return bleu4
```

8.3.7 訓練模型

訓練模型過程仍然分為讀取資料、前饋計算、計算損失、更新參數、選擇模型 5 個步驟。

模型訓練的具體方案為：一共訓練 30 輪，編碼器和解碼器的學習速率分別為 0.0001 和 0.0005。

```
# 設定模型超參數和輔助變數
config = Namespace( max_len = 30,
        captions_per_image = 5,
        batch_size = 32,
        image_code_dim = 2048,
        word_dim = 512,
        hidden_size = 512,
        attention_dim = 512,
        num_layers = 1,
        encoder_learning_rate = 0.0001,
        decoder_learning_rate = 0.0005,
        num_epochs = 10,
        grad_clip = 5.0,
        alpha_weight = 1.0,
        evaluate_step = 900, # 每隔多少步在驗證集上測試一次
        checkpoint = None, # 如果不為 None，則利用該變數路徑的模型繼續訓練
        best_checkpoint='../model/ARCTIC/best_flickr8k.ckpt',  #  驗證集上表現最佳的模型的
路徑
        last_checkpoint  =  '../model/ARCTIC/last_flickr8k.ckpt',  #  訓練完成時的模型的
路徑
```

（接下頁）

（接上頁）

```
        beam_k = 5
)

# 設定 GPU 資訊
os.environ['CUDA_VISIBLE_DEVICES'] = '0'
device = torch.device("cuda" if torch.cuda.is_available() else "cpu")

# 資料
data_dir   = '../data/flickr8k/'
vocab_path   = '../data/flickr8k/vocab.json'
train_loader, valid_loader, test_loader = mktrainval(data_dir,
                                                     vocab_path,
                                                     config.batch_size)

# 模型
with open(vocab_path, 'r') as f:
        vocab = json.load(f)

# 隨機初始化或載入已訓練的模型
start_epoch = 0
checkpoint = config.checkpoint
if checkpoint is None:
        model = ARCTIC(config.image_code_dim,
                       vocab, config.word_dim,
                       config.attention_dim,
                       config.hidden_size,
                       config.num_layers)
else:
        checkpoint = torch.load(checkpoint)
        start_epoch = checkpoint['epoch'] + 1
        model = checkpoint['model']

# 最佳化器
optimizer = get_optimizer(model, config)

# 將模型複製至 GPU，並開啟訓練模式
model.to(device)
```

（接下頁）

（接上頁）

```
model.train()
# 損失函式
loss_fn = PackedCrossEntropyLoss().to(device)

best_res = 0

for epoch in range(start_epoch, config.num_epochs):
    for i, (imgs, caps, caplens) in enumerate(train_loader):
        optimizer.zero_grad()
        # 1. 讀取資料至 GPU
        imgs = imgs.to(device)
        caps = caps.to(device)
        caplens = caplens.to(device)

        # 2. 前饋計算
        predictions, alphas, sorted_captions, \
        lengths, sorted_cap_indices = model(imgs, caps, caplens)
        # 3. 計算損失
        # captions 從第 2 個詞開始為 targets
        loss = loss_fn(predictions, sorted_captions[:, 1:], lengths)
        # 重隨機注意力正則項，使得模型盡可能全面利用到每個網格
        # 要求所有時刻在同一網格上的注意力分數的平方和接近 1
        loss += config.alpha_weight * ((1. - alphas.sum(axis=1)) ** 2).mean()

        loss.backward()
        # 梯度截斷
        if config.grad_clip > 0:
            nn.utils.clip_grad_norm_(model.parameters(), config.grad_clip)

        # 4. 更新參數
        optimizer.step()

        if (i+1) % 100 == 0:
            print('epoch %d, step %d: loss=%.2f' % (epoch, i+1, loss.
cpu()))
            fw.write('epoch %d, step %d: loss=%.2f \n' % (epoch, i+1, loss.cpu()))
    fw.flush()
```

（接下頁）

（接上頁）

```
            state = {
                        'epoch': epoch, 'step': i,
                        'model': model,
                        'optimizer':  optimizer
                        }
        if (i+1) % config.evaluate_step == 0:
                bleu_score = evaluate(valid_loader, model, config)
                # 5. 選擇模型
                if best_res < bleu_score: best_res = bleu_score
                        torch.save(state, config.best_checkpoint)
                torch.save(state, config.last_checkpoint)
                print('Validation@epoch, %d, step, %d, BLEU-4=%.2f' %
                        (epoch, i+1, bleu_score))
checkpoint = torch.load(config.best_checkpoint)
model = checkpoint['model']
bleu_score = evaluate(test_loader, model, config)
print("Evaluate on the test set with the model \
        that has the best performance on the validation set")
print('Epoch: %d, BLEU-4=%.2f' %
        (checkpoint['epoch'],  bleu_score))
```

　　執行這段程式完成訓練後，最後一行會輸出在驗證集上表現最好的模型在測試集上的結果：

```
Epoch: 4, BLEU-4=0.23
```

8.4 小結

　　本章介紹了典型的多模態轉換方法。首先，介紹了基於編解碼框架的方法，包括基於循環神經網路、注意力和 transformer 的編解碼模型。這些模型既能完成影像到文字轉換的任務，也能完成文字到影像轉換的任務。然後，介紹了基於生成對抗網路的方法，該方法主要用於完成文字到影像轉換的任務。最後，介紹了一個使用注意力編解碼模型進行影像描述任務的實戰案例，讓讀者可以深入了解注意力在多模態轉換中的使用方法。

8.5 習題

1. 比較 CNN-RNN 模型和 CNN-Attention 模型的異同。

2. 寫出 3 個 transformer 編碼區塊和 3 個 transformer 解碼區塊組成的基於 transformer 的編解碼模型的所有參數。

3. 查閱文獻，描述 3 個用於文字生成影像任務的基於 transformer 的編解碼模型的結構。

4. 在 CUB 資料集上，撰寫程式實現基礎的基於條件生成對抗網路的文字生成影像模型。

5. 闡述注意力機制在 AttnGAN 中的作用。

6. 將 8.3 節中介紹的 ARCTIC 模型的影像編碼器由影像網格表示提取器改為區域表示提取器，對比兩種不同的影像編碼器的影像描述的結果。

多模態預訓練

⑨

　　預訓練技術首先出現在電腦視覺領域，其中較早出現的應用方式是在大規模影像分類資料集上預訓練卷積神經網路分類模型，然後對新的電腦視覺任務，將分類模型的前若干層當作影像表示提取器，在其後新增任務相關網路，最後訓練任務相關網路的權重或同時微調影像表示提取器的權重。近幾年，使用這種「預訓練 - 微調」範式的自監督學習中的預訓練技術也獲得了諸多突破。舉例來說，遮蔽影像中的一些區塊、將影像黑白化、將影像旋轉、降低影像解析度等，要求預訓練模型重構原始影像或和原始影像在表示空間上盡可能相似；將影像切塊，任意給定兩個影像區塊，要求模型判斷這兩個區塊的位置關係。

　　在自然語言處理領域，以 BERT 為代表的大規模預訓練模型獲得了巨大的成功。與以往的模型針對一個特定任務不同，BERT 所使用的「預訓練 - 微調」

範式預先使用大規模的易收集的文字資料訓練表示學習模型，得到通用表示之後，只在特定的下游任務上的小規模資料集做進一步微調，便可以有效地完成下游任務，從而達到使用一個模型完成多種不同任務的效果，並在多個任務上的效果超過以往模型。

以「預訓練 - 微調」流程工作的預訓練技術的核心思想是首先利用易收集的大規模無標注或弱標注資料集學習較為通用的表示提取器，然後對於特定下游任務，微調表示提取器和特定任務網路即可，減少對標注資料的依賴。和電腦視覺任務以及自然語言處理任務相比，圖文多模態任務同時涉及兩個模態的資料，因而使用的資料集的人工標注成本往往更高，這帶來緊迫使用預訓練技術的需求。加上預訓練技術在圖文領域都取得了巨大成功，圖文多模態預訓練技術也就應運而生。

9.1 總體框架

如圖 9.1 所示，整體來看，多模態預訓練方法的框架包括預訓練和微調兩個階段。

在預訓練階段，首先需要搜集大規模、易獲取的圖文以建立預訓練資料集，然後建構多模態模型以學習通用的多模態表示，最後還需要設計多個促進圖文對齊和融合的預訓練任務以學習模型參數。簡單來說，預訓練階段使用了盡可能多的訓練資料，使得模型能夠充分融合或對齊多個模態的資訊，學習到多模態任務所需的共通性多模態表示。

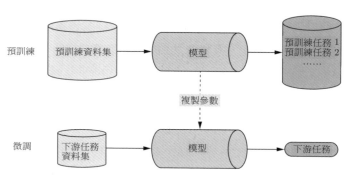

▲ 圖 9.1 多模態預訓練方法整體框架示意圖

在微調階段，對於特定的下游任務資料集，在已完成預訓練的模型基礎上，根據下游任務的最佳化目標，對模型結構進行微小的調整或不進行任何調整，微調整個模型的權重。下面分別介紹多模態預訓練方法的框架涉及的各個模組，包括預訓練資料集、模型結構、預訓練任務和下游任務。

9.2 預訓練資料集

如前文所述，預訓練階段所使用的資料集必須是大規模且易獲取的。而網際網路上存在著大量的圖文共現內容，這恰好符合圖文預訓練資料集的要求。下面介紹常用的圖文預訓練資料集。

- [1]**Conceptual Captions(CC)**[162]：約 330 萬圖片和句子標注，因此，也常被稱為 **CC3M**。該資料集中的句子標注為圖片所在網頁上圖片說明文字（alt-textHTML）經過一系列規則過濾的結果。該資料集雜訊較小，不僅可用於圖文多模態預訓練，也可用於評測影像描述等模型的性能。

- [2]**Conceptual 12M(CC12M)**[163]：約 1200 萬圖片和句子標注。和 CC 相比，該資料集覆蓋了多樣化的視覺概念，但是也包含了更多的雜訊。因此，CC12M 僅適合用於圖文多模態預訓練。

- [3]**SBU Captions**[164]：超過 100 萬圖片和句子標注，收集方法和 CC 類似。

- [4]**YFCC100M**[165]：來自圖片分享社區 Flickr[5] 的約 9920 萬影像和使用者提供的文字描述資訊。此外，OpenAI 挑選該資料集中文字描述資訊為英文的資料，形成一個包含 14829396 幅影像的子集 YFCC100M Subset[6]。

1　https://github.com/google-research-datasets/conceptual-captions/

2　https://github.com/google-research-datasets/conceptual-12m

3　http://www.cs.virginia.edu/~vicente/sbucaptions/

4　https://multimediacommons.wordpress.com/yfcc100m-core-dataset/

5　https://www.flickr.com/

6　https://github.com/openai/CLIP/blob/main/data/yfcc100m.md

- [1]**LAION-400M**[166]：經過過濾的約 4 億影像 – 文字描述對，過濾規則包括刪除所有小於 5 個字元的文字描述以及小於 5KB 的影像所屬的樣本；對 URL 和文字使用布隆篩檢程式去重；刪除 CLIP 模型計算的圖文相似度小於 0.3 的樣本；利用圖文 CLIP 特徵過濾不合法的內容（檢測 NSFW）。

- **LAION-5B**[2]：包含了超過 50 億影像 – 文字描述對，按照文字的語種分成了 3 個子集，即包含約 23 影像 – 文字描述對且文字為英文的 laion2B-en，包含約 22 億影像 – 文字描述對且文字為其他語言的 laion2B-multi，以及包含約 10 億影像 – 文字描述對且難以確定文字具體語言形式的 laion1B-nolang。

除了這些資料集，第 2 章中所介紹的已經整理或標注的圖文多模態資料集都可用作預訓練。

9.3 模型結構

多模態預訓練模型通常分為基於編碼器的模型和基於編解碼框架的模型。基於編碼器的模型在預訓練階段學習多模態表示，然後針對不同的下游任務設計特定結構的模組微調模型。而基於編解碼框架的模型則在預訓練階段就統一多個任務的輸入和輸出，並使用單一的模型結構預訓練，然後針對不同的下游任務直接微調訓練，不再需要引入新的特定模組。下面分別介紹這兩類模型的結構。

9.3.1 基於編碼器的模型

第 5 章介紹過多模態表示可以分為兩類：融合多個模態資料的共用表示和對齊多個模態資料的對應表示。基於編碼器的多模態預訓練模型同樣可以根據

1　https://laion.ai/blog/laion-400-open-dataset/

2　https://laion.ai/blog/laion-5b/

所學表示的不同分為兩類：一是基於融合編碼器的模型，即使用融合編碼器獲取圖文共用表示；二是基於雙編碼器的模型，即使用兩個獨立的編碼器獲取圖文對應表示。

1. 基於融合編碼器的模型

根據融合時機的不同，基於融合編碼器的多模態預訓練模型常分為兩類：「早期融合」的單流模型和「中期融合」的雙流模型。

1）單流模型

如圖 9.2 所示，單流多模態預訓練模型是指一開始輸入時便將影像資訊和文字資訊進行拼接，並直接將單模態編碼模型當作融合編碼器進行建模，獲得圖文融合表示。單模態模型的結構較為單一，大多採用標準的 transformer 模型。

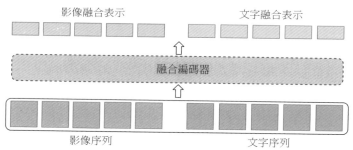

▲ 圖 9.2 基於融合編碼器的單流模型結構示意圖

2）雙流模型

如圖 9.3 所示，雙流多模態預訓練模型首先使用兩個單模態模型分別編碼影像資訊和文字資訊，之後再利用多模態融合模型對圖文單模態編碼進行建模，獲得圖文融合表示。其中單模態模型往往採用標準的 transformer 模型，而最常用的多模態融合模型則採用交叉 transformer 模型。

2. 基於雙編碼器的模型

如圖 9.4 所示，基於雙編碼器的模型就是使用兩個單獨的編碼器分別學習影像和文字的對應表示，和 5.2 節中介紹的對應表示學習模型一樣，通常在對應表示空間中增加圖文相似性連結約束以建立圖文連結。

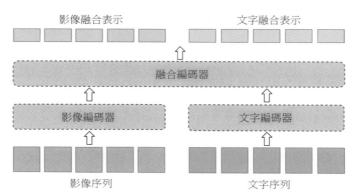

▲ 圖 9.3 基於融合編碼器的雙流模型結構示意圖

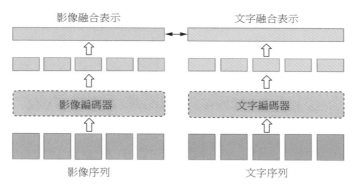

▲ 圖 9.4 基於雙編碼器的模型結構示意圖

9.3.2 基於編解碼框架的模型

如圖 9.5 所示，基於編解碼框架的模型將影像序列和文字序列拼接成一個輸入序列，並將多個任務的輸出轉化成共用詞表的離散序列，最終使用編解碼模型學習輸入和輸出的連結。此類模型不再關注通用多模態表示的學習，而是將不同

任務的輸入 / 輸出轉化成統一的形式，以達到使用一個單一的模型同時建模多種任務的目標。此類模型中最常用的模型結構是 8.1.3 節中介紹的基於 transformer 的編解碼模型。

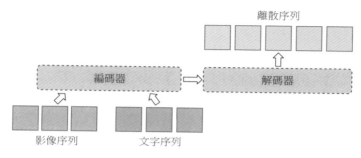

▲ 圖 9.5 基於編解碼框架的模型結構示意圖

9.4 預訓練任務

9.4.1 遮罩語言模型

3.3 節中介紹過遮罩語言模型（masked language modeling，MLM）是 BERT 的預訓練任務之一。MLM 以特定機率隨機替換掉文字中的部分詞，使用 [MASK] 預留位置替代，需要模型基於文字中的其他詞預測出被替換的詞。在圖文多模態預訓練模型中，預測被替換的詞不僅依賴於文字其他詞代表的上下文資訊，還依賴於對應的影像資訊。

9.4.2 遮罩視覺模型

受遮罩語言模型的啟發，遮罩視覺模型（masked vision modeling，MVM）以特定機率隨機替換影像中部分局部區域，需要模型預測該區域的相關資訊。這裡的替換通常是將影像該區域的視覺特徵設定為零向量。根據預測資訊的不同，可以有以下兩個具體預訓練任務。

遮罩區域分類（masked region classification, MRC）：根據影像以及對應文字預測被替換區域的類別。在被遮罩的區域對應的輸出表示後增加一個由線性層和 softmax 函式組成的分類層，以預測該區域的類別分佈。需要注意的是，被遮罩的區域的真實類別是未知的。因此，MRC 往往用於使用基於物件辨識模型的區域影像表示的模型中。具體而言，將目標檢測模型得到的區域類別分佈作為區域的監督訊號。監督訊號有兩種具體的形式：一是區域的類別標籤；二是區域的類別分佈。前者的最佳化目標是最小化分類交叉熵損失；後者的最佳化目標是最小化預訓練模型和物件辨識模型得到的區域類別分佈之間的 KL 散度，因此也常被稱為 MRC-KL。

遮罩區域特徵回歸（masked region feature regression，MRFR）：根據影像以及對應文字回歸被替換的區域的視覺特徵。在被遮罩的區域對應的輸出表示後增加一個線性層或非線性全連接層，以預測該區域的原始視覺特徵向量。模型的最佳化目標是最小化其預測出的遮罩區域的特徵和該區域的原始視覺特徵的 L2 損失。MRFR 可以應用在使用任意局部影像表示的模型中。

9.4.3 影像文字匹配

影像文字匹配（image text matching，ITM）任務是給定建構好的圖文關係對，讓模型判斷文字是否為對應圖片的描述。前面介紹的 MLM 和 MVM 要求模型能夠對齊圖文的局部資訊，而 ITM 則要求模型能夠對齊圖文整體資訊。具體而言，ITM 需要模型先獲取圖文多模態表示，然後在展現層基礎上增加一個二分類層，以判斷圖文是否匹配。一般而言，在基於融合編碼器的單流模型中，輸入中包含一個 <CLS> 符號，其對應的輸出表示視為多模態表示。在基於融合編碼器的雙流模型中，影像端和文字端輸入各包含一個 <CLS> 符號，將影像端和文字端 <CLS> 符號對應的輸出表示拼接的結果視為多模態表示，當然，也可以和單流模型一樣，僅使用一個 <CLS> 符號。

9.4.4 跨模態對比學習

跨模態對比學習（cross-modal contrastive learning, CMCL）任務的目標是學習影像和文字的表示，使得匹配的圖文資料對表示之間的相似度大於不匹配的圖文資料對表示之間的相似度。具體來說，就是採用 5.2 節中介紹的基於排序損失學習圖文對應表示的方法完成該任務。

9.5 下游任務

多模態預訓練模型本身的性能無法直接評估，因此，常使用多個具體的多模態任務來評估。除了第 2 章中介紹過的 5 個任務，常見的圖文多模態任務還有以下 3 種。

9.5.1 視覺常識推理

給定一張已知很多物件區域的圖片，視覺常識推理（visual commonsense reasoning，VCR）任務要求完成兩個子任務：根據問題選擇答案；解釋選擇該答案的原因。這兩個子任務均為選擇題。該任務的常用資料集為 [1]VCRv1.0[167]，其包括 110000 張來自電影的圖片和 290000 道選擇題，每道題對應 1 個正確答案和理由。

9.5.2 視覺語言推理

給定兩張圖片和一句文字描述，視覺語言推理（natural language for visual reasoning，NLVR）任務要求判斷文字描述是否正確描述了兩張圖片的內容。從形式上看，該任務和視覺問答中的是否類問答相似，即輸入資訊為圖片和文字，輸出為是或否，區別在於 NLVR 任務中的視覺輸入包含了兩張圖片。現在常用的資料集版本為 [2]NLVR2[168]，其包括 107292 組圖片對和文字描述。

---

1 https://visualcommonsense.com/download/

2 https://github.com/lil-lab/nlvr/tree/master/nlvr2

9.5.3 視覺蘊含

給定一張圖片和一句文字描述，視覺蘊含（visual entailment，VE）任務要求判斷由圖片（前提）推斷句子（假設）是否合適（蘊涵或中立或矛盾）。該任務形式上和包含 3 個選項的選擇題類型的視覺問答任務完全一致，即輸入圖片和文字，輸出為 3 個選項上的得分。常用的資料集為 ³SNLI-VE[169]，其包括 31783 筆樣本，其中訓練集、驗證集和測試集的樣本數分別為 29783、1000 和 1000。

9.6 典型模型

9.6.1 基於融合編碼器的雙流模型：LXMERT

LXMERT（learning cross-modality encoder representations from transformers）[170] 是一個標準的基於融合編碼器的雙流模型，其模型框架如圖 9.6 所示。下面按照輸入、模型結構、預訓練任務、預訓練資料集和下游任務的順序介紹該模型。

LXMERT 的影像端輸入為物件辨識模型檢測出的影像區域組成的序列。影像區域輸入表示為區域的視覺表示和位置表示的組合，假定第 i 個區域的視覺表示和位置表示分別記為 v_i 和 p_i，影像第 i 個區域表示 $\boldsymbol{x}_i^I$ 的計算過程為

$$
\begin{aligned}
\hat{\boldsymbol{v}}_i &= \mathrm{LN}(\boldsymbol{W}_v \boldsymbol{v}_i + b_v) \\
\hat{\boldsymbol{p}}_i &= \mathrm{LN}(\boldsymbol{W}_p \boldsymbol{p}_i + b_p) \\
\boldsymbol{x}_i^I &= \frac{\hat{\boldsymbol{v}}_i + \hat{\boldsymbol{p}}_i}{2}
\end{aligned}
\tag{9.6.1}
$$

其中，LN 為層歸一化，$\boldsymbol{W}_v$ 和 b_v 為視覺表示線性變換的參數，$\boldsymbol{W}_p$ 和 b_p 為位置表示線性變換的參數。這兩個線性變換將視覺表示和位置表示映射到同一維度，最終的區域表示為統一維度後的視覺表示和位置表示的平均值。

3　https://github.com/necla-ml/SNLI-VE

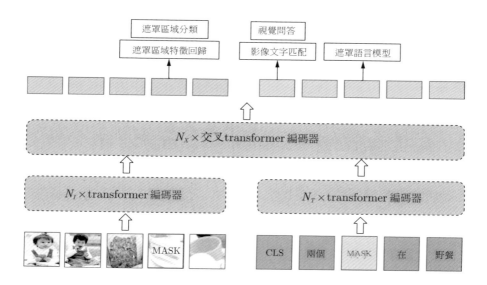

圖 9.6　LXMERT 模型框架示意圖

文字端的輸入為符號 <CLS>、詞元序列拼接而成。文字詞元輸入表示為詞元的嵌入表示和位置表示的組合，假定第 j 個詞元記為 w_j，則文字第 j 個詞元表示 $\boldsymbol{x}_j^T$ 的計算過程為

$$
\begin{aligned}
\hat{\boldsymbol{w}}_j &= \text{WordEmbed}(w_j) \\
\hat{\boldsymbol{u}}_j &= \text{IdxEmbed}(j) \\
\boldsymbol{x}_j^T &= \text{LN}(\hat{\boldsymbol{w}}_j + \hat{\boldsymbol{u}}_j)
\end{aligned}
\tag{9.6.2}
$$

其中，WordEmbed 為獲取詞元和符號 <CLS> 的詞嵌入表示的函式，IdxEmbed 為獲取位置表示的函式。這兩個函式獲取的表示維度相同，最終的詞元表示為對詞元嵌入表示和位置表示的求和並進行層歸一化的結果。

在模型結構上，LXMERT 首先使用兩組 transformer 編碼器（數量分別為 N_I 和 N_T）分別學習影像區域和文字詞元的更高層次表示，以充分建模影像區域之間以及文字詞元之間的連結；之後再利用 N_x 個交叉 transformer 編碼器獲得影像區域和文字詞元的多模態融合表示；最後使用 5 個預訓練任務：遮罩語言模型、遮罩區域分類、遮罩區域特徵回歸、影像文字匹配和視覺問答完成訓練。前 4 個任務在本章預訓練任務小節已經做過介紹，其中影像文字匹配任務是在文字

端符號 <CLS> 的高層表示之後增加一個二分類層來判斷圖文是否匹配。對於最後一個視覺問答任務，只有當輸入影像和文字問題匹配時，LXMERT 才需要根據影像回答文字問題，具體方法也是利用了文字端符號 <CLS> 的高層表示，即在其後增加一個多分類層（類別數和答案數相同）判斷回答是否正確。

LXMERT 使用 MS COCO、VG、VQA v2、平衡版 GQA 和 VG-QA 作為預訓練資料集，共計約 18 萬幅不同的圖片和 918 萬個影像文字對。資料集剔除了和下游任務的測試集重合的樣本。這些資料集在第 2 章的影像描述和視覺問答部分已經做過介紹，這裡不再贅述。

LXMERT 在視覺問答和視覺語言推理兩個下游任務上進行了實驗驗證，其中視覺問答使用的資料集為 VQA v2 和 GQA，視覺語言推理使用的資料集為 NLVR2。由於預訓練任務中已經包含了視覺問答任務，因此，LXMERT 不需要改變結構就可以直接微調模型權重完成視覺問答任務。對於視覺語言推理任務，其輸入包括兩幅圖片和一段文字，而 LXMERT 的輸入為一張圖片和一段文字。因此，在微調階段，先將每一幅圖片和文字輸入 LXMERT 中，得到符號 <CLS> 對應的高層表示，然後將這兩個高層表示拼接融合，並在其後面增加一個二分類層，完成視覺語言推理任務。

9.6.2 基於融合編碼器的單流模型：ViLT

ViLT（vision-and-language transformer without convolution or region supervision）[171] 是一個典型的基於融合編碼器的單流模型。其模型框架如圖 9.7 所示。下面依次介紹該模型的輸入、結構、預訓練任務、預訓練資料集和下游任務。

ViLT 的影像端的輸入為符號 [CLS-I] 和影像區塊組成的序列。影像區塊輸入表示為其視覺表示、位置表示和模態類型表示的組合。假定影像的模態類型表示為 m^I，第 i 個影像區塊的視覺表示和位置表示分別記為 v_i 和 p_i，則第 i 個影像區塊的表示 x_i^I 的計算過程為

$$\hat{\boldsymbol{v}}_i = \boldsymbol{W}_v \boldsymbol{v}_i$$
$$\hat{\boldsymbol{p}}_i = \boldsymbol{W}_p \boldsymbol{p}_i \qquad\qquad (9.6.3)$$
$$\boldsymbol{x}_i^I = \hat{\boldsymbol{v}}_i + \hat{\boldsymbol{p}}_i + \boldsymbol{m}^I$$

其中，$\boldsymbol{W}_v$ 為視覺表示線性變換的參數，$\boldsymbol{W}_p$ 為位置表示線性變換的參數。

文字端的輸入為符號 [CLS-T]、詞元序列拼接而成。文字詞元輸入表示為詞元的嵌入表示、位置表示和模態類型表示的組合。假定文字的模態類型表示為 $\boldsymbol{m}^T$，第 j 個詞元記為 w_j，則文字第 j 個詞元表示 $\boldsymbol{x}_j^T$ 的計算過程為

$$\hat{\boldsymbol{w}}_j = \text{WordEmbed}(w_j)$$
$$\hat{\boldsymbol{u}}_j = \text{IdxEmbed}(j) \qquad\qquad (9.6.4)$$
$$\boldsymbol{x}_j^T = \hat{\boldsymbol{w}}_j + \hat{\boldsymbol{u}}_j + \boldsymbol{m}^T$$

其中，WordEmbed 為獲取詞元的詞嵌入表示的函式，IdxEmbed 為獲取位置表示的函式。

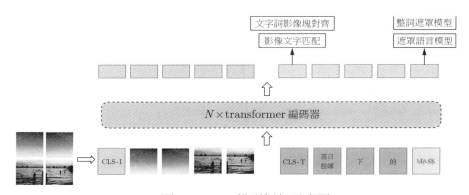

▲ 圖 9.7 ViLT 模型框架示意圖

在模型結構上，ViLT 首先將圖文輸入表示的序列拼接，然後直接使用 transformer 編碼器對整個序列進行建模，最後使用影像文字匹配和遮罩語言模型兩個預訓練任務完成模型訓練。其中，影像文字匹配是在文字端符號 [CLS-T] 的高層表示之後增加一個二分類層來判斷圖文是否匹配。為了顯式地利用圖文局部學習影像文字匹配，ViLT 還增加了文字詞影像區塊對齊（word patch alignment，WPA）任務，具體而言，首先列舉文字子集和影像子集，然後利用 IPOT 演算法[172] 近似計算圖文的最佳運輸距離（optimal transport），並將其看

作圖文匹配對齊分數。而遮罩語言模型使用了前面介紹過的子詞遮罩策略,還使用了整詞遮罩策略,即對一個詞所包含的若干詞元同時進行遮罩,以避免在子詞預測時僅依賴單字上下文預測,而忽略了影像資訊。

ViLT 使用 MS COCO、VG、CC、SBU Captions 作為預訓練資料集,共計約 400 萬幅圖片和約 1000 萬筆文字。ViLT 在視覺問答、自然語言視覺推理、圖文跨模態檢索 3 個下游任務上進行了實驗驗證,其中視覺問答使用的資料集為 VQA v2,自然語言視覺推理使用的資料集為 NLVR2,圖文跨模態檢索使用的資料集為 MS COCO 和 Flickr30k。這些任務和資料集均已做過介紹,這裡不再贅述。

9.6.3 基於雙編碼器的模型:CLIP

CLIP(learning transferable visual models from natural language supervision)[70] 是 2021 年由 OpenAI 團隊提出的基於雙編碼器的多模態預訓練模型,其動機是利用超大規模圖文對中的文字作為監督資訊,學習堅固的影像表示,可以在零樣本設定下的影像辨識任務中獲得比肩監督模型的性能。

如圖 9.8 所示,在模型結構上,CLIP 的影像端和文字端是基於 transformer 的編碼器,影像端也可使用卷積神經網路編碼器。在影像和文字編碼器各自提取單模態整體表示之後,利用本章預訓練任務小節中介紹過的跨模態對比學習完成模型訓練。具體而言,CLIP 採用了多模態 n-pair 排序損失。CLIP 的提出者在論文中舉出以下的模型虛擬程式碼實現。

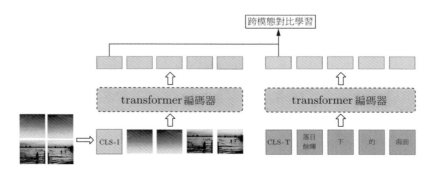

▲ 圖 9.8 CLIP 模型框架示意圖

```
# 引自 CLIP 原論文
# 提取影像和文字的整體表示
I_f = image_encoder(img) # [n, d_i]

T_f = text_encoder(text)  # [n, d_t]

# 利用線性變換，統一圖文表示的維度，並對表示長度進行歸一化 [n, d_e]
I_e = l2_normalize(np.dot(I_f, W_i), axis=1)
T_e = l2_normalize(np.dot(T_f, W_t), axis=1)

# 計算所有圖文對的餘弦距離 [n, n]
logits = np.dot(I_e, T_e.T) * np.exp(t)

# 計算損失
labels = np.arange(n)
loss_i = cross_entropy_loss(logits, labels, axis=0)
loss_t = cross_entropy_loss(logits, labels, axis=1)
loss = (loss_i + loss_t)/2
```

CLIP 預訓練採用的資料集為 OpenAI 團隊從公共網際網路上收集的 4 億個圖文對，並設計了一些規則對資料進行清理。可以說，超大規模資料集的運用是 CLIP 模型成功的關鍵因素之一。但是，該資料集至今尚未對外開放。

由於 CLIP 的設計目標是學習堅固的影像表示，因此，其下游任務為影像辨識任務。具體而言，CLIP 的提出者在超過 30 個不同的電腦辨識資料集上對模型進行了評測。這些資料集涉及的任務包括光學字元辨識、視訊中的動作辨識、影像地理位置辨識，以及其他多個細粒度影像分類任務。儘管 CLIP 原文並未展示 CLIP 在多模態任務上的表現，但是基於 CLIP 模型所學的強大的影像和文字對齊表示，其如今已經廣泛應用在文字視訊跨模態檢索、影像描述、文字引導影像編輯、文字生成影像等多模態任務中。

9.6.4 基於編解碼框架的模型：OFA

OFA（oneforall）[70] 是 2022 年由阿里達摩院團隊提出的基於編解碼框架的多模態預訓練模型。該模型透過統一多個多模態任務和單模態任務的輸入和輸

出形式,將這些任務統一到單一的序列到序列生成式框架中,從而避免引入額外的任務特定模組。

由於 OFA 的輸入和輸出是圍繞預訓練任務設計的,因此,接下來我們將首先介紹預訓練任務,然後按照輸入和輸出、模型結構、預訓練資料集和下游任務的順序介紹該模型。

如圖 9.9 所示,OFA 的預訓練階段包含 5 個多模態任務、兩個影像任務和一個文字任務。5 個多模態任務分別為:指代表達理解、影像區域描述、影像文字匹配、影像描述和視覺問答;兩個影像任務為物件辨識和影像補全;文字任務為遮罩語言模型。其中,影像區域描述任務旨在要求模型自動為影像的特定區域生成流暢連結的自然語言描述;影像補全任務是隨機替換掉影像中部分局部區域,需要模型重構該區域。影像補全任務和遮罩視覺模型的區別在於前者要求模型重構區域的像素值,而後者則要求重構區域的類別或視覺特徵值。其他任務在本書中已經做過介紹,這裡不再贅述。

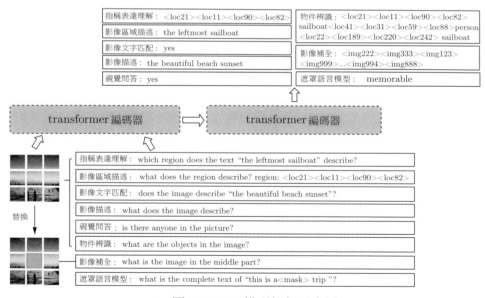

▲ 圖 9.9 OFA 模型框架示意圖

　　統一這些預訓練任務的輸入和輸出形式是利用統一模型的基礎。OFA 的影像端的輸入為基於 ResNet 的網格表示、網格位置表示和模態類型表示的組合。對於影像補全任務，首先將原始影像的中間區域的像素值置為 0，然後輸入 ResNet 中獲取其表示。

　　OFA 的文字端的輸入由離散形式的文字指令組成，且這些文字指令共用一個詞表。對於不同的任務，建構不同的文字指令。對於指代表達理解任務，文字指令為 which region does the text"{Text}"describe?，{Text} 為語料中的文字描述。對於影像區域描述任務，文字指令為 what does the region describe? region:x0 y0 x1 y1，這裡的 x0、y0、x1、y1 為圖片矩形區域左上角和右下角座標離散化之後的設定值。具體的離散化座標的方法為：首先設定座標詞表大小，然後取原始座標值和詞表大小相除之後四捨五入的結果作為座標的離散值。其他任務的指令可以用類似的方式建構。圖 9.9 中展示了所有任務的指令範例。和大多數多模態預訓練模型類似，文字指令中每個詞元輸入表示依然為詞元的嵌入表示、位置表示和模態類型表示的組合。

　　OFA 的輸出是一個單一的離散序列。和文字端輸入形式類似，對於所有任務，輸出序列也同樣共用一個詞表。OFA 中的 8 個預訓練任務的輸出包含了 3 種不同的形式：文字、區域座標和影像像素。其中，文字本身就是離散形式，區域座標的離散形式的獲取方法和輸入中的方法一致，影像像素的離散表示形式則透過 4.4.2 節中介紹的量化生成對抗網路 VQGAN 獲得。

　　在模型結構上，OFA 使用標準的基於 transformer 的編解碼模型，並提供了 5 個不和參數規模的預訓練模型。這些模型的差別在於其所使用的 ResNet 和 transformer 的具體結構的規模不同。

　　OFA 使用多個公開資料集進行模型預訓練，不同的預訓練任務對應的資料集如表 9.1 所示。這裡僅介紹本書尚未介紹的資料集。VG-Cap 為用於影像密集描述任務的 VG 資料集。OpenImages[173] 包含了約 900 萬幅影像，其標注資訊包括影像類別、物件辨識框和目標分割遮罩等。Objects365[174] 是一個專為物件辨識任務收集的資料集，包括 200 萬幅影像和 3000 萬筆檢測框標注資訊。ImageNet-21K[31] 是 ImageNet 的全集版本，包含了屬於 21000 多個類的

14000000 多幅影像。Pile[175] 是一個為訓練大規模語言模型建構的 825GB 的純文字語料庫，OFA 使用的是其過濾版本，大小為 140GB。

▼ 表 9.1　　OFA 預訓練任務所使用的資料集資訊

預訓練任務	資 料 集	圖 像 數
指代表達理解	RefCOCO, RefCOCO+, RefCOCOg, VG-Cap	131K
影像區域描述	RefCOCO, RefCOCO+, RefCOCOg, VG-Cap	131K
影像文字匹配	CC12M, CC3M, SBU, MS COCO, VG-Cap	14.78M
影像描述	CC12M, CC3M, SBU, MS COCO, VG-Cap	14.78M
視覺問答	VQAv2, VG-QA, GQA	178K
物件辨識	OpenImages, Objects365, VG, MS COCO	2.98M
影像補全	OpenImages, YFCC100M, ImageNet-21K	36.27M
遮罩語言模型	Pile(Filter)	–

OFA 的下游任務包括 5 個多模態任務、一個影像任務以及 3 個文字任務。其中，多模態任務為影像描述、視覺問答、視覺蘊含、指代表達理解和文字生成影像，影像任務為影像分類任務，文字任務為單句文字分類、雙句文字分類和文字摘要。影像描述、視覺問答、指代表達理解這 3 個任務是預訓練階段已經使用過的任務，因此採用和預訓練階段一樣的文字指令。其他兩個多模態任務，即視覺蘊含和文字生成影像，所使用的文字指令分別為 Can image and text1"{Text1}"imply text2"{Text2}"? 和 What is the complete image? caption:{Caption}。

9.7 小結

　　多模態預訓練是當前人工智慧領域最前端和最熱門的研究內容之一。本章首先介紹了圖文多模態預訓練的整體框架，然後分別介紹了框架中的各個要素，包括預訓練資料集、模型結構、預訓練任務和下游任務，最後介紹了 4 個具有不同模型結構的典型的圖文多模態預訓練模型。多模態預訓練模型的發展方興未艾，必將繼續推動人工智慧進一步發展。

9.8 習題

1. 闡述多模態預訓練模型的核心思想以及其相比傳統多模態模型的優勢。

2. 閱讀任意一篇多模態預訓練的文獻，寫出其預訓練資料集、模型結構、預訓練任務和下游任務。

3. 試分析基於融合編碼器、雙編碼器和編解碼框架的模型的優缺點和它們各自的應用場景。

4. 闡述 ViLT 模型在執行視覺問答、自然語言視覺推理、圖文跨模態檢索 3 個下游任務時的方案。

5. 闡述 OFA 模型在微調文字生成影像任務時使用的損失函式和輸入端的影像序列的處理方式。

6. 你認為多模態預訓練模型當前存在哪些問題？請嘗試說明。

參考文獻

[1]　RASIWASIA N, COSTA PEREIRA J, COVIELLO E, et al. A new approach to cross-modal multimedia retrieval[C]//MM' 10: Proceedings of the 18th ACM International Conference on Multimedia. New York, NY, USA: Association for Computing Machinery, 2010: 251-260.

[2]　FARHADI A, HEJRATI M, SADEGHI M A, et al. Every picture tells a story: Generating sentences from images[C]//Computer Vision–ECCV 2010. Cham: Springer International Publishing, 2010: 15-29.

[3]　FENG F, WANG X, LI R. Cross-modal retrieval with correspondence autoencoder[C]//MM' 14: Proceedings of the 22nd ACM International Conference on Multimedia. New York, NY, USA: Association for Computing Machinery, 2014: 7-16.

[4]　CHUA T S, TANG J, HONG R, et al. NUS-WIDE: A real-world web image database from national university of singapore[C]//CIVR' 09: Proceedings of the ACM International Conference on Image and Video Retrieval. New York, NY, USA: Association for Computing Machinery, 2009: 1-9.

[5]　MICAH H, PETER Y, JULIA H. Framing image description as a ranking task: data, models and evaluation metrics[C]//IJCAI' 15: Proceedings of the Twenty-Fourth International Joint Conference on Artificial Intelligence (IJCAI 2015). Buenos Aires, Argentina: AAAI Press, 2015: 4188–4192.

[6]　PETER Y, ALICE L, MICAH H, et al. From image descriptions to visual denotations: New similarity metrics for semantic inference over

event descriptions[J]. Transactions of the Association for Computational Linguistics, 2014: 67–78.

[7] LIN T Y, MAIRE M, BELONGIE S, et al. Microsoft COCO: Common objects in context[C]// Computer Vision – ECCV 2014. Cham: Springer International Publishing, 2014: 740-755.

[8] WU J, ZHENG H, ZHAO B, et al. AI challenger : A large-scale dataset for going deeper in image understanding[EB/OL]. 2017. https://arxiv.org/abs/1711.06475.

[9] PAPINENI K, ROUKOS S, WARD T, et al. BLEU: A method for automatic evaluation of machine translation[C]//ACL' 02: Proceedings of the 40th annual meeting on association for computational linguistics. USA: Association for Computational Linguistics, 2002: 311-318.

[10] BANERJEE S, LAVIE A. METEOR: An automatic metric for MT evaluation with improved correlation with human judgments[C]// Proceedings of the ACL Workshop on Intrinsic and Extrinsic Evaluation Measures for Machine Translation and/or Summarization. ANN Arbor, Michigan: Association for Computational Linguistics, 2005: 65-72.

[11] LIN C Y. ROUGE: A package for automatic evaluation of summaries[C]// Text Summarization Branches Out. Barcelona, Spain: Association for Computational Linguistics, 2004: 74-81.

[12] VEDANTAM R, ZITNICK C L, PARIKH D. Cider: Consensus-based image description evaluation[C]//2015 IEEE Conference on Computer Vision and Pattern Recognition (CVPR). Los Alamitos, CA, USA: IEEE Computer Society, 2015: 4566-4575.

[13] ANDERSON P, FERNANDO B, JOHNSON M, et al. Spice: Semantic propositional image caption evaluation[C]//Computer Vision–ECCV 2016. Cham: Springer International Publishing, 2016: 382-398.

[14] XU X, CHEN X, LIU C, et al. Can you fool AI with adversarial examples on a visual turing test?[EB/OL]. 2017. https://arxiv.org/abs/1709.08693.

[15] ANTOL S, AGRAWAL A, LU J, et al. VQA: Visual Question Answering[C]//2015 IEEE International Conference on Computer Vision (ICCV). Los Alamitos, CA, USA: IEEE Computer Society, 2015: 2425-2433.

[16] JOHNSON J, HARIHARAN B, VAN DER MAATEN L, et al. CLEVR: A diagnostic dataset for compositional language and elementary visual reasoning[C]//2017 IEEE Conference on Computer Vision and Pattern Recognition (CVPR). Los Alamitos, CA, USA: IEEE Computer Society, 2017: 1988-1997.

[17] MALINOWSKI M, FRITZ M. A multi-world approach to question answering about real-world scenes based on uncertain input[C]// NIPS' 14: Proceedings of the 27th International Conference on Neural Information Processing Systems - Volume 1. Cambridge, MA, USA: MIT Press, 2014: 1682–1690.

[18] REN M, KIROS R, ZEMEL R S. Exploring models and data for image question answering[C]// NIPS' 15: Proceedings of the 28th International Conference on Neural Information Processing Systems - Volume 2. Cambridge, MA, USA: MIT Press, 2015: 2953–2961.

[19] KRISHNA R, ZHU Y, GROTH O, et al. Visual genome: Connecting language and vision using crowdsourced dense image annotations[J]. International Journal of Computer Vision, 2016, 123: 32–73.

[20] LU C, KRISHNA R, BERNSTEIN M, et al. Visual relationship detection with language priors[C]//Computer Vision – ECCV 2016. Cham: Springer International Publishing, 2016: 852-869.

[21]   JOHNSON J, KARPATHY A, FEI-FEI L. Densecap: Fully convolutional localization networks for dense captioning[C]//2016 IEEE Conference on Computer Vision and Pattern Recognition (CVPR). Los Alamitos, CA, USA: IEEE Computer Society, 2016: 4565-4574.

[22]   ZHU Y, GROTH O, BERNSTEIN M, et al. Visual7W: Grounded question answering in images[C]//2016 IEEE Conference on Computer Vision and Pattern Recognition (CVPR). Los Alamitos, CA, USA: IEEE Computer Society, 2016: 4995-5004.

[23]   KAFLE K, KANAN C. An analysis of visual question answering algorithms[C]//2017 IEEE International Conference on Computer Vision (ICCV). Los Alamitos, CA, USA: IEEE Computer Society, 2017: 1983-1991.

[24]   ZHANG P, GOYAL Y, SUMMERS-STAY D, et al. Yin and Yang: Balancing and answering binary visual questions[C]//2016 IEEE Conference on Computer Vision and Pattern Recognition (CVPR). Los Alamitos, CA, USA: IEEE Computer Society, 2016: 5014-5022.

[25]   AGRAWAL A, BATRA D, PARIKH D, et al. Don't just assume; look and answer: Overcoming priors for visual question answering[C]//2018 IEEE/CVF Conference on Computer Vision and Pattern Recognition (CVPR). Los Alamitos, CA, USA: IEEE Computer Society, 2018: 4971-4980.

[26]   HUDSON D A, MANNING C D. GQA: A new dataset for real-world visual reasoning and compositional question answering[C]//2019 IEEE/CVF Conference on Computer Vision and Pattern Recognition (CVPR). Los Alamitos, CA, USA: IEEE Computer Society, 2019: 6693- 6702.

[27]   WAH C, BRANSON S, WELINDER P, et al. The caltech-ucsd birds-200-2011 dataset: CNS- TR-2011-001[R]. Pasadena, CA: California Institute of Technology, 2011.

[28] NILSBACK M E, ZISSERMAN A. Automated flower classification over a large number of classes[C]//Computer Vision, Graphics & Image Processing, Indian Conference on. Los Alamitos, CA, USA: IEEE Computer Society, 2008: 722-729.

[29] SALIMANS T, GOODFELLOW I, ZAREMBA W, et al. Improved techniques for training GANs[C]//Advances in Neural Information Processing Systems: volume 29. Red Hook, NY, USA: Curran Associates, Inc., 2016: 2234-2242.

[30] HEUSEL M, RAMSAUER H, UNTERTHINER T, et al. GANs trained by a two time-scale update rule converge to a local nash equilibrium[C]// Advances in Neural Information Processing Systems: volume 30. Red Hook, NY, USA: Curran Associates Inc., 2017: 6629–6640.

[31] DENG J, DONG W, SOCHER R, et al. Imagenet: A large-scale hierarchical image database.[C]//2009 IEEE Conference on Computer Vision and Pattern Recognition (CVPR). Los Alamitos, CA, USA: IEEE Computer Society, 2009: 248-255.

[32] SZEGEDY C, VANHOUCKE V, IOFFE S, et al. Rethinking the inception architecture for computer vision[C]//2016 IEEE Conference on Computer Vision and Pattern Recognition (CVPR). Los Alamitos, CA, USA: IEEE Computer Society, 2016: 2818-2826.

[33] ZHANG H, KOH J Y, BALDRIDGE J, et al. Cross-modal contrastive learning for text-to-image generation[C]//2021 IEEE/CVF Conference on Computer Vision and Pattern Recognition (CVPR). Los Alamitos, CA, USA: IEEE Computer Society, 2021: 833-842.

[34] FROLOV S, HINZ T, RAUE F, et al. Adversarial text-to-image synthesis: A review[J]. Neural Networks, 2021, 144: 187-209.

[35]   LIANG J, PEI W, LU F. CPGAN: Full-spectrum content-parsing generative adversarial networks for text-to-image synthesis[C]//Computer Vision-ECCV 2020. Cham: Springer International Publishing, 2020: 491-508.

[36]   XU T, ZHANG P, HUANG Q, et al. AttnGAN: Fine-grained text to image generation with attentional generative adversarial networks[C]//2018 IEEE/CVF Conference on Computer Vision and Pattern Recognition (CVPR). Los Alamitos, CA, USA: IEEE Computer Society, 2018: 1316-1324.

[37]   HINZ T, HEINRICH S, WERMTER S. Semantic object accuracy for generative text-to-image synthesis[J]. IEEE Transactions on Pattern Analysis and Machine Intelligence, 2022, 44(3): 1552-1565.

[38]   REDMON J, FARHADI A. YOLOv3: An incremental improvement[EB/OL]. 2018. https://arxiv.org/abs/1804.02767.

[39]   DALE R, REITER E. Computational interpretations of the gricean maxims in the generation of referring expressions[J]. COGNITIVE SCIENCE, 1995, 18: 233-263.

[40]   YU L, POIRSON P, YANG S, et al. Modeling context in referring expressions[C]//Computer Vision-ECCV 2016. Cham: Springer International Publishing, 2016: 69-85.

[41]   MAO J, HUANG J, TOSHEV A, et al. Generation and comprehension of unambiguous object descriptions[C]//2016 IEEE Conference on Computer Vision and Pattern Recognition (CVPR). Los Alamitos, CA, USA: IEEE Computer Society, 2016: 11-20.

[42]   KAZEMZADEH S, ORDONEZ V, MATTEN M, et al. ReferItGame: Referring to objects in photographs of natural scenes[C]//Proceedings of the 2014 Conference on Empirical Methods in Natural Language Processing (EMNLP). Doha, Qatar: ACL, 2014: 787-798.

[43] FIRTH J R. Papers in Linguistics[M]. London: Oxford University Press, 1957.

[44] MIKOLOV T, CHEN K, CORRADO G, et al. Efficient estimation of word representations in vector space[EB/OL]. 2013. https://arxiv.org/abs/1301.3781.

[45] MIKOLOV T, SUTSKEVER I, CHEN K, et al. Distributed representations of words and phrases and their compositionality[C]//Advances in neural information processing systems: volume 2. Red Hook, NY, USA: Curran Associates, Inc., 2013: 3111-3119.

[46] KIELA D, BOTTOU L. Learning image embeddings using convolutional neural networks for improved multi-modal semantics[C]//Proceedings of the 2014 Conference on Empirical Methods in Natural Language Processing (EMNLP). Doha, Qatar: Association for Computational Linguistics, 2014: 36-45.

[47] LAZARIDOU A, PHAM N T, BARONI M. Combining language and vision with a multimodal skip-gram model[C]//Proceedings of the 2015 Conference of the North American Chapter of the Association for Computational Linguistics: Human Language Technologies. Denver, Colorado: Association for Computational Linguistics, 2015: 153-163.

[48] QIAO T, ZHANG J, XU D, et al. Mirrorgan: Learning text-to-image generation by redescription[C]//2019 IEEE/CVF Conference on Computer Vision and Pattern Recognition (CVPR). Los Alamitos, CA, USA: IEEE Computer Society, 2019: 1505-1514.

[49] ZHU M, PAN P, CHEN W, et al. DM-GAN: Dynamic memory generative adversarial networks for text-to-image synthesis[C]//2019 IEEE/CVF Conference on Computer Vision and Pattern Recognition (CVPR). Los Alamitos, CA, USA: IEEE Computer Society, 2019: 5795-5803.

[50] VINYALS O, TOSHEV A, BENGIO S, et al. Show and tell: A neural image caption generator[C]//2015 IEEE Conference on Computer Vision and Pattern Recognition (CVPR). Los Alamitos, CA, USA: IEEE Computer Society, 2015: 3156-3164.

[51] MAO J, XU W, YANG Y, et al. Explain images with multimodal recurrent neural networks[EB/OL]. 2014. https://arxiv.org/abs/1410.109.

[52] REN M, KIROS R, ZEMEL R S. Exploring models and data for image question answering[C]// NIPS' 15: Proceedings of the 28th International Conference on Neural Information Processing Systems - Volume 2. Cambridge, MA, USA: MIT Press, 2015: 2953–2961.

[53] DEVLIN J, CHANG M W, LEE K, et al. BERT: Pre-training of deep bidirectional transformers for language understanding[C]//Proceedings of the 2019 Conference of the North American Chapter of the Association for Computational Linguistics: Human Language Technologies, Volume 1 (Long and Short Papers). Minneapolis, Minnesota: Association for Computational Linguistics, 2019: 4171-4186.

[54] PENNINGTON J, SOCHER R, MANNING C. Glove: Global vectors for word representation [C]//Proceedings of the 2014 conference on empirical methods in natural language processing. Doha, Qatar: Association for Computational Linguistics, 2014: 1532-1543.

[55] BOJANOWSKI P, GRAVE E, JOULIN A, et al. Enriching word vectors with subword information[J]. Transactions of the Association for Computational Linguistics, 2017, 5: 135- 146.

[56] HOCHREITER S, SCHMIDHUBER J. Long short-term memory[J]. Neural computation, 1997, 9(8): 1735-1780.

[57] CHO K, VAN MERRIËNBOER B, BAHDANAU D, et al. On the properties of neural machine translation: Encoder–decoder approaches[C]//

Proceedings of SSST-8, Eighth Workshop on Syntax, Semantics and Structure in Statistical Translation. Doha, Qatar: Association for Computational Linguistics, 2014: 103-111.

[58]   VASWANI A, SHAZEER N, PARMAR N, et al. Attention is all you need[C]//Advances in Neural Information Processing Systems: volume 30. Red Hook, NY, USA: Curran Associates, Inc., 2017: 6000–6010.

[59]   BAHDANAU D, CHO K, BENGIO Y. Neural machine translation by jointly learning to align and translate[EB/OL]. 2014. https://arxiv.org/abs/1409.0473.

[60]   KRIZHEVSKY A, SUTSKEVER I, HINTON G E. Imagenet classification with deep convolutional neural networks[C]//Advances in neural information processing systems: volume 25. Red Hook, NY, USA: Curran Associates, Inc., 2012: 1097-1105.

[61]   WEI Y, ZHAO Y, CANYI L, et al. Cross-modal retrieval with CNN visual features: A new baseline[J]. IEEE Transactions on Cybernetics, 2016, 47: 1-12.

[62]   MALINOWSKI M, ROHRBACH M, FRITZ M. Ask your neurons: A neural-based approach to answering questions about images[C]//2015 IEEE International Conference on Computer Vision (ICCV). Los Alamitos, CA, USA: IEEE Computer Society, 2015: 1-9.

[63]   NAM H, HA J W, KIM J. Dual attention networks for multimodal reasoning and matching.[C]// 2017 IEEE Conference on Computer Vision and Pattern Recognition (CVPR). Los Alamitos, CA, USA: IEEE Computer Society, 2017: 2156-2164.

[64]   XU K, BA J, KIROS R, et al. Show, attend and tell: Neural image caption generation with visual attention[C]//BACH F, BLEI D. Proceedings of Machine Learning Research: volume 37 Proceedings of the 32nd

International Conference on Machine Learning. Lille, France: PMLR, 2015: 2048-2057.

[65] LU J, XIONG C, PARIKH D, et al. Knowing when to look: Adaptive attention via a visual sentinel for image captioning[C]//2017 IEEE Conference on Computer Vision and Pattern Recognition (CVPR). Los Alamitos, CA, USA: IEEE Computer Society, 2017: 3242-3250.

[66] ANDERSON P, HE X, BUEHLER C, et al. Bottom-up and top-down attention for image captioning and visual question answering[C]//2018 IEEE/CVF Conference on Computer Vision and Pattern Recognition (CVPR). Los Alamitos, CA, USA: IEEE Computer Society, 2018: 6077-6086.

[67] LEE K, CHEN X, HUA G, et al. Stacked cross attention for image-text matching[C]//Computer Vision – ECCV 2018. Cham: Springer International Publishing, 2018: 212-228.

[68] DOSOVITSKIY A, BEYER L, KOLESNIKOV A, et al. An image is worth 16×16 words: Transformers for image recognition at scale[C]// International Conference on Learning Representations. Vienna, Austria: OpenReview.net, 2021.

[69] WANG W, BAO H, DONG L, et al. VLMo: Unified vision-language pre-training with mixture-of-modality-experts[C]//NeurIPS' 22: Proceedings of the 36th International Conference on Neural Information Processing Systems. Cambridge, MA, USA: MIT Press, 2022.

[70] RADFORD A, KIM J W, HALLACY C, et al. Learning transferable visual models from natural language supervision[C]//Proceedings of Machine Learning Research: volume 139 Proceedings of the 38th International Conference on Machine Learning. Virtual: PMLR, 2021: 8748-8763.

[71] LI J, SELVARAJU R, GOTMARE A, et al. Align before fuse: Vision and language representation learning with momentum distillation[C]// Advances in Neural Information Processing Systems: volume 34. Red Hook, NY, USA: Curran Associates, Inc., 2021: 9694- 9705.

[72] RAMESH A, PAVLOV M, GOH G, et al. Zero-shot text-to-image generation[C]//Proceedings of Machine Learning Research: volume 139 Proceedings of the 38th International Conference on Machine Learning. Virtual: PMLR, 2021: 8821-8831.

[73] VAN DEN OORD A, VINYALS O, KAVUKCUOGLU K. Neural discrete representation learning[C]//NIPS' 17: Proceedings of the 31st International Conference on Neural Information Processing Systems. Red Hook, NY, USA: Curran Associates Inc., 2017: 6309–6318.

[74] DING M, YANG Z, HONG W, et al. Cogview: Mastering text-to-image generation via transformers[C]//Advances in Neural Information Processing Systems: volume 34. Red Hook, NY, USA: Curran Associates, Inc., 2021: 19822-19835.

[75] GU S, CHEN D, BAO J, et al. Vector quantized diffusion model for text-to-image synthesis[C]// 2022 IEEE/CVF Conference on Computer Vision and Pattern Recognition (CVPR). Los Alamitos, CA, USA: IEEE Computer Society, 2022: 10686-10696.

[76] YU J, XU Y, KOH J Y, et al. Scaling autoregressive models for content-rich text-to-image generation[EB/OL]. 2022. https://arxiv.org/abs/2206.10789.

[77] CHANG H, ZHANG H, BARBER J, et al. Muse: Text-to-image generation via masked generative transformers[EB/OL]. 2023. https://arxiv.org/abs/2301.00704.

[78] ROMBACH R, BLATTMANN A, LORENZ D, et al. High-resolution image synthesis with latent diffusion models[C]//2022 IEEE/CVF Conference on Computer Vision and Pattern Recognition (CVPR). Los Alamitos, CA, USA: IEEE Computer Society, 2022: 10684-10695.

[79] LIN M, CHEN Q, YAN S. Network in network[C]//International Conference on Learning Representations. Banff, Canada: OpenReview. net, 2014.

[80] SIMONYAN K, ZISSERMAN A. Very deep convolutional networks for large-scale image recognition[C]//International Conference on Learning Representations. San Diego, CA, USA: OpenReview.net, 2015.

[81] SZEGEDY C, LIU W, JIA Y, et al. Going deeper with convolutions[C]//2015 IEEE Conference on Computer Vision and Pattern Recognition (CVPR). Los Alamitos, CA, USA: IEEE Computer Society, 2015: 1-9.

[82] HE K, ZHANG X, REN S, et al. Deep residual learning for image recognition[C]//2015 IEEE Conference on Computer Vision and Pattern Recognition (CVPR). Los Alamitos, CA, USA: IEEE Computer Society, 2016: 770-778.

[83] GIRSHICK R, DONAHUE J, DARRELL T, et al. Rich feature hierarchies for accurate object detection and semantic segmentation[C]//2014 IEEE Conference on Computer Vision and Pattern Recognition (CVPR). Los Alamitos, CA, USA: IEEE Computer Society, 2014: 580-587.

[84] GIRSHICK R. Fast R-CNN[C]//2015 IEEE Conference on Computer Vision and Pattern Recognition (CVPR). Los Alamitos, CA, USA: IEEE Computer Society, 2015: 1440-1448.

[85] REN S, HE K, GIRSHICK R, et al. Faster r-cnn: Towards real-time object detection with region proposal networks[C]//Advances in neural

information processing systems: volume 1. Red Hook, NY, USA: Curran Associates, Inc., 2015: 91-99.

[86] REDMON J, FARHADI A. YOLO9000: better, faster, stronger[C]//2017 IEEE Conference on Computer Vision and Pattern Recognition (CVPR). Los Alamitos, CA, USA: IEEE Computer Society, 2017: 6517-6525.

[87] REDMON J, DIVVALA S, GIRSHICK R, et al. You only look once: Unified, real-time object detection[C]//2016 IEEE Conference on Computer Vision and Pattern Recognition (CVPR). Los Alamitos, CA, USA: IEEE Computer Society, 2016: 779-788.

[88] CORDONNIER J B, LOUKAS A, JAGGI M. On the relationship between self-attention and convolutional layers[C]//International Conference on Learning Representations. Virtual: OpenReview.net, 2019.

[89] HAN K, XIAO A, WU E, et al. Transformer in transformer[C]//Advances in Neural Information Processing Systems: volume 34. Red Hook, NY, USA: Curran Associates, Inc., 2021: 15908- 15919.

[90] WU H, XIAO B, CODELLA N, et al. CVT: Introducing convolutions to vision transformers[C]// 2021 IEEE/CVF International Conference on Computer Vision (ICCV). Los Alamitos, CA, USA: IEEE Computer Society, 2021: 22-31.

[91] LIU Z, LIN Y, CAO Y, et al. Swin transformer: Hierarchical vision transformer using shifted windows[C]//2021 IEEE/CVF International Conference on Computer Vision (ICCV). Los Alamitos, CA, USA: IEEE Computer Society, 2021: 9992-10002.

[92] LIU Z, HU H, LIN Y, et al. Swin transformer v2: Scaling up capacity and resolution[C]//2022 IEEE/CVF Conference on Computer Vision and Pattern Recognition (CVPR). Los Alamitos, CA, USA: IEEE Computer Society, 2022: 11999-12009.

[93] YUAN K, GUO S, LIU Z, et al. Incorporating convolution designs into visual transformers[C]// 2021 IEEE/CVF International Conference on Computer Vision (ICCV). Los Alamitos, CA, USA: IEEE Computer Society, 2021: 559-568.

[94] WANG W, XIE E, LI X, et al. Pyramid vision transformer: A versatile backbone for dense prediction without convolutions[C]//2021 IEEE/CVF International Conference on Computer Vision (ICCV). Los Alamitos, CA, USA: IEEE Computer Society, 2021: 568-578.

[95] CHEN X, XIE S, HE K. An empirical study of training self-supervised vision transformers[C]// 2021 IEEE/CVF International Conference on Computer Vision (ICCV). Los Alamitos, CA, USA: IEEE Computer Society, 2021: 9620-9629.

[96] TOUVRON H, CORD M, DOUZE M, et al. Training data-efficient image transformers & distillation through attention[C]//MEILA M, ZHANG T. Proceedings of Machine Learning Research: volume 139. Proceedings of the 38th International Conference on Machine Learning. Virtual: PMLR, 2021: 10347-10357.

[97] GOODFELLOW I J, POUGET-ABADIE J, MIRZA M, et al. Generative adversarial nets[C]// NIPS' 14: Proceedings of the 27th International Conference on Neural Information Processing Systems - Volume 2. Cambridge, MA, USA: MIT Press, 2014: 2672–2680.

[98] MIRZA M, OSINDERO S. Conditional generative adversarial nets[EB/OL]. 2014. https://arxiv.org/abs/1411.1784.

[99] ZHANG R, ISOLA P, EFROS A A, et al. The unreasonable effectiveness of deep features as a perceptual metric[C]//2018 IEEE/CVF Conference on Computer Vision and Pattern Recognition (CVPR). Los Alamitos, CA, USA: IEEE Computer Society, 2018: 586-595.

[100] KINGMA D P, WELLING M. Auto-encoding variational bayes[C]// International Conference on Learning Representations. Banff, Canada: OpenReview.net, 2014.

[101] ESSER P, ROMBACH R, OMMER B. Taming transformers for high-resolution image synthesis[C]//2021 IEEE/CVF Conference on Computer Vision and Pattern Recognition (CVPR). Los Alamitos, CA, USA: IEEE Computer Society, 2021: 12868-12878.

[102] NGIAM J, KHOSLA A, KIM M, et al. Multimodal deep learning[C]// ICML ' 11: Proceedings of the 28th International Conference on Machine Learning (ICML-11). New York, NY, USA: ACM, 2011: 689-696.

[103] SRIVASTAVA N, SALAKHUTDINOV R. Learning representations for multimodal data with deep belief nets.[C]//International Conference on Machine Learning Representation Learning Workshop. Edinburgh, Scotland, UK: The authors, 2012.

[104] SRIVASTAVA N, SALAKHUTDINOV R. Multimodal learning with deep Boltzmann machines.[C]//Proceedings of the 25th International Conference on Neural Information Processing Systems. Red Hook, NY, USA: Curran Associates Inc., 2012: 2231-2239.

[105] WANG W, OOI B C, YANG X, et al. Effective multi-modal retrieval based on stacked autoencoders[J]. Proceedings. VLDB Endow., 2014, 7(8): 649-660.

[106] WANG W, ARORA R, LIVESCU K, et al. On deep multi-view representation learning[C]// Proceedings of Machine Learning Research: volume 37 Proceedings of the 32nd International Conference on Machine Learning. Lille, France: PMLR, 2015: 1083-1092.

[107] FENG F, LI R, WANG X. Deep correspondence restricted Boltzmann machine for cross-modal retrieval[J]. Neurocomputing, 2015, 154: 50-60.

[108] KIROS R, SALAKHUTDINOV R, ZEMEL R S. Unifying visual-semantic embeddings with multimodal neural language models[EB/OL]. 2014. https://arxiv.org/abs/1411.2539.

[109] GU J, CAI J, JOTY S R, et al. Look, imagine and match: Improving textual-visual cross- modal retrieval with generative models[C]//2018 IEEE/CVF Conference on Computer Vision and Pattern Recognition (CVPR). Los Alamitos, CA, USA: IEEE Computer Society, 2018: 7181-7189.

[110] FAGHRI F, FLEET D J, KIROS J R, et al. VSE++: Improving visual-semantic embeddings with hard negatives[C]//Proceedings of the British Machine Vision Conference (BMVC). United Kingdom: BMVA Press, 2018: 12.

[111] HE L, XU X, LU H, et al. Unsupervised cross-modal retrieval through adversarial learning[C]// 2017 IEEE International Conference on Multimedia and Expo, ICME. Los Alamitos, CA, USA: IEEE Computer Society, 2017: 1153-1158.

[112] WANG B, YANG Y, XU X, et al. Adversarial cross-modal retrieval[C]// MM '17: Proceedings of the 25th ACM International Conference on Multimedia. New York, NY, USA: Association for Computing Machinery, 2017: 154–162.

[113] LUO H, JI L, ZHONG M, et al. Clip4clip: An empirical study of clip for end to end video clip retrieval[J]. Neurocomputing, 2022, 508: 293-304.

[114] MOKADY R, HERTZ A, BERMANO A H. Clipcap: Clip prefix for image captioning[EB/OL]. 2021. https://arxiv.org/abs/2111.09734.

[115] PATASHNIK O, WU Z, SHECHTMAN E, et al. Styleclip: Text-driven manipulation of styleGAN imagery[C]//2021 IEEE/CVF International Conference on Computer Vision (ICCV). Los Alamitos, CA, USA: IEEE Computer Society, 2021: 2085-2094.

[116] RAMESH A, DHARIWAL P, NICHOL A, et al. Hierarchical text-conditional image generation with clip latents[EB/OL]. 2022. https://arxiv.org/abs/2204.06125.

[117] FREUND Y, HAUSSLER D. Unsupervised learning of distributions on binary vectors using two layer networks[C]//NIPS' 91: Proceedings of the 4th International Conference on Neural Information Processing Systems. San Francisco, CA, USA: Morgan Kaufmann Publishers Inc., 1991: 912–919.

[118] RUMELHART D E, MCCLELLAND J L, PDP RESEARCH GROUP C. Parallel distributed processing: Explorations in the microstructure of cognition, vol. 1: Foundations[M]. Cambridge, MA, USA: MIT Press, 1986.

[119] HINTON G E. Training products of experts by minimizing contrastive divergence[J]. Neural Comput., 2002, 14(8): 1771–1800.

[120] GEMAN S, GEMAN D. Stochastic relaxation, Gibbs distributions, and the bayesian restoration of images[J]. IEEE Transactions on Pattern Analysis and Machine Intelligence, 1984, PAMI-6 (6): 721-741.

[121] ANDRIEU C, DE FREITAS N, DOUCET A, et al. An introduction to MCMC for machine learning[J]. Machine Learning, 2003, 50(1–2): 5-43.

[122] SALAKHUTDINOV R, MURRAY I. On the quantitative analysis of deep belief networks[C]// ICML ' 08: Proceedings of the 25th International Conference on Machine Learning. New York, NY, USA: Association for Computing Machinery, 2008: 872–879.

[123] KRIZHEVSKY A, HINTON G. Learning multiple layers of features from tiny images[R]. Toronto, Ontario: Technical report, University of Toronto, 2009.

[124] WELLING M, ROSEN-ZVI M, HINTON G. Exponential family harmoniums with an application to information retrieval[C]//NIPS' 04: Proceedings of the 17th International Conference on Neural Information Processing Systems. Cambridge, MA, USA: MIT Press, 2004: 1481–1488.

[125] SALAKHUTDINOV R, HINTON G. Replicated softmax: An undirected topic model[C]// NIPS' 09: Proceedings of the 22nd International Conference on Neural Information Processing Systems. Red Hook, NY, USA: Curran Associates Inc., 2009: 1607–1614.

[126] HINTON G E, OSINDERO S, TEH Y W. A fast learning algorithm for deep belief nets[J]. Neural Computing & Applications., 2006, 18(7): 1527–1554.

[127] SALAKHUTDINOV R, HINTON G. An efficient learning procedure for deep Boltzmann machines[J]. Neural Computing & Applications., 2012, 24(8): 1967–2006.

[128] HINTON G E, SALAKHUTDINOV R R. Reducing the dimensionality of data with neural networks[J]. Science, 2006, 313(5786): 504-507.

[129] HINTON G E, DAYAN P, FREY B J, et al. The 「wake-sleep」 algorithm for unsupervised neural networks.[J]. Science, 1995.

[130] SALAKHUTDINOV R, HINTON G. A better way to pretrain deep Boltzmann machines[C]// NIPS' 12: Proceedings of the 25th International Conference on Neural Information Processing Systems - Volume 2. Red Hook, NY, USA: Curran Associates Inc., 2012: 2447–2455.

[131] SALAKHUTDINOV R. Learning deep Boltzmann machines using adaptive mcmc[C]//ICML' 10: Proceedings of the 27th International Conference on Machine Learning. Madison, WI, USA: Omnipress, 2010: 943–950.

[132] LI R, JIA J. Visual question answering with question representation update (QRU)[C]// NIPS' 16: Proceedings of the 30th International Conference on Neural Information Processing Systems. Red Hook, NY, USA: Curran Associates Inc., 2016: 4662–4670.

[133] YANG Z, HE X, GAO J, et al. Stacked attention networks for image question answering.[C]// 2016 IEEE Conference on Computer Vision and Pattern Recognition (CVPR). Los Alamitos, CA, USA: IEEE Computer Society, 2016: 21-29.

[134] LU J, YANG J, BATRA D, et al. Hierarchical question-image co-attention for visual question answering[C]//NIPS' 16: Proceedings of the 30th International Conference on Neural Information Processing Systems. Red Hook, NY, USA: Curran Associates Inc., 2016: 289–297.

[135] LI K, ZHANG Y, LI K, et al. Visual semantic reasoning for image-text matching[C]//2019 IEEE/CVF International Conference on Computer Vision (ICCV). Los Alamitos, CA, USA: IEEE Computer Society, 2019: 4653-4661.

[136] LIU C, MAO Z, ZHANG T, et al. Graph structured network for image-text matching[C]//2020 IEEE/CVF Conference on Computer Vision and Pattern Recognition (CVPR). Los Alamitos, CA, USA: Computer Vision Foundation / IEEE, 2020: 10918-10927.

[137] CHENG Y, ZHU X, QIAN J, et al. Cross-modal graph matching network for image-text retrieval[J]. ACM Transactions on Multimedia Computing, Communications and Applications., 2022, 18(4).

[138] KIPF T N, WELLING M. Semi-supervised classification with graph convolutional networks[C]// International Conference on Learning Representations. Toulon, France: OpenReview.net, 2017.

[139] VELI KOVI P, CUCURULL G, CASANOVA A, et al. Graph attention networks[C]// International Conference on Learning Representations. Vancouver Canada: OpenReview.net, 2018.

[140] FUKUI A, PARK D H, YANG D, et al. Multimodal compact bilinear pooling for visual question answering and visual grounding[C]// Proceedings of the 2016 Conference on Empirical Methods in Natural Language Processing. Austin, Texas: Association for Computational Linguistics, 2016: 457-468.

[141] KIM J H, ON K W, LIM W, et al. Hadamard product for low-rank bilinear pooling[C]// International Conference on Learning Representations. Toulon, France: OpenReview.net, 2017.

[142] YU Z, YU J, FAN J, et al. Multi-modal factorized bilinear pooling with co-attention learning for visual question answering.[C]//2017 IEEE International Conference on Computer Vision (ICCV). Los Alamitos, CA, USA: IEEE Computer Society, 2017: 1839-1848.

[143] BEN-YOUNES H, CADENE R, CORD M, et al. Mutan: Multimodal tucker fusion for visual question answering[C]//2017 IEEE International Conference on Computer Vision (ICCV). Los Alamitos, CA, USA: IEEE Computer Society, 2017: 2631-2639.

[144] YU Z, YU J, XIANG C, et al. Beyond bilinear: Generalized multimodal factorized high-order pooling for visual question answering[J]. IEEE Transactions on Neural Networks and Learning Systems, 2018, 29(12): 5947-5959.

[145] BEN-YOUNES H, CADENE R, THOME N, et al. Block: Bilinear superdiagonal fusion for visual question answering and visual relationship detection[J]. Proceedings of the AAAI Conference on Artificial Intelligence, 2019, 33: 8102-8109.

[146] YU Z, YU J, CUI Y, et al. Deep modular co-attention networks for visual question answering[C]//2019 IEEE/CVF Conference on Computer Vision and Pattern Recognition (CVPR). Los Alamitos, CA, USA: IEEE Computer Society, 2019: 6281-6290.

[147] GAO P, JIANG Z, YOU H, et al. Dynamic fusion with intra- and inter-modality attention flow for visual question answering[C]//2019 IEEE/CVF Conference on Computer Vision and Pattern Recognition (CVPR). Los Alamitos, CA, USA: IEEE Computer Society, 2019: 6639-6648.

[148] PHAM N, PAGH R. Fast and scalable polynomial kernels via explicit feature maps[C]//KDD' 13: Proceedings of the 19th ACM SIGKDD International Conference on Knowledge Discovery and Data Mining. New York, NY, USA: Association for Computing Machinery, 2013: 239–247.

[149] KIROS R, ZHU Y, SALAKHUTDINOV R R, et al. Skip-thought vectors[C]//Advances in Neural Information Processing Systems: volume 28. Red Hook, NY, USA: Curran Associates, Inc., 2015: 3294–3302.

[150] KARPATHY A, FEI-FEI L. Deep visual-semantic alignments for generating image descriptions[C]//2015 IEEE Conference on Computer Vision and Pattern Recognition (CVPR). Los Alamitos, CA, USA: IEEE Computer Society, 2015: 3128-3137.

[151] DONAHUE J, HENDRICKS L A, GUADARRAMA S, et al. Long-term recurrent convolutional networks for visual recognition and description[C]//2015 IEEE Conference on Computer Vision and Pattern Recognition (CVPR). Los Alamitos, CA, USA: IEEE Computer Society, 2015: 2625-2634.

[152] HERDADE S, KAPPELER A, BOAKYE K, et al. Image captioning: Transforming objects into words[C]//Advances in Neural Information Processing Systems: volume 32. Red Hook, NY, USA: Curran Associates, Inc., 2019: 11137–11147.

[153] GUO L, LIU J, ZHU X, et al. Normalized and geometry-aware self-attention network for image captioning[C]//2020 IEEE/CVF Conference on Computer Vision and Pattern Recognition (CVPR). Los Alamitos, CA, USA: IEEE Computer Society, 2020: 10324-10333.

[154] LUO Y, JI J, SUN X, et al. Dual-level collaborative transformer for image captioning[J]. Proceedings of the AAAI Conference on Artificial Intelligence, 2021: 2286-2293.

[155] LIU W, CHEN S, GUO L, et al. CPTR: Full transformer network for image captioning[EB/OL]. 2021. https://arxiv.org/abs/2101.10804.

[156] REED S, AKATA Z, YAN X, et al. Generative adversarial text to image synthesis[C]// Proceedings of Machine Learning Research: volume 48 Proceedings of The 33rd International Conference on Machine Learning. New York, New York, USA: PMLR, 2016: 1060-1069.

[157] ZHANG H, XU T, LI H, et al. Stackgan: Text to photo-realistic image synthesis with stacked generative adversarial networks[C]//2017 IEEE International Conference on Computer Vision (ICCV). Los Alamitos, CA, USA: IEEE Computer Society, 2017: 5908-5916.

[158] ZHANG H, XU T, LI H, et al. Stackgan++: Realistic image synthesis with stacked generative adversarial networks[J]. IEEE Transactions on Pattern Analysis and Machine Intelligence, 2018.

[159] WANG P, YANG A, MEN R, et al. OFA: Unifying architectures, tasks, and modalities through a simple sequence-to-sequence learning framework[C]//Proceedings of Machine Learning Research: volume 162. Proceedings of the 39th International Conference on Machine Learning. Baltimore, Maryland, USA: PMLR, 2022: 23318-23340.

[160] NICHOL A Q, DHARIWAL P, RAMESH A, et al. GLIDE: towards photorealistic image generation and editing with text-guided diffusion models[C]//Proceedings of Machine Learning Research: volume 162. Proceedings of the 39th International Conference on Machine Learning. Baltimore, Maryland, USA: PMLR, 2022: 16784-16804.

[161] REED S E, AKATA Z, LEE H, et al. Learning deep representations of fine-grained visual descriptions[C]//2016 IEEE Conference on Computer Vision and Pattern Recognition (CVPR). Los Alamitos, CA, USA: IEEE Computer Society, 2016: 49-58.

[162] SHARMA P, DING N, GOODMAN S, et al. Conceptual captions: A cleaned, hypernymed, image alt-text dataset for automatic image captioning[C]//Proceedings of the 56th Annual Meeting of the Association for Computational Linguistics (Volume 1: Long Papers). Melbourne, Australia: Association for Computational Linguistics, 2018: 2556-2565.

[163] CHANGPINYO S, SHARMA P, DING N, et al. Conceptual 12M: Pushing web-scale image-text pre-training to recognize long-tail visual concepts[C]//2021 IEEE/CVF Conference on Computer Vision and Pattern Recognition (CVPR). Los Alamitos, CA, USA: IEEE Computer Society, 2021: 3557-3567.

[164] ORDONEZ V, KULKARNI G, BERG T. Im2text: Describing images using 1 million captioned photographs[C]//Advances in Neural Information Processing Systems: volume 24. Red Hook, NY, USA: Curran Associates, Inc., 2011: 1143–1151.

[165] THOMEE B, SHAMMA D A, FRIEDLAND G, et al. YFCC 100M: The new data in multimedia research[J]. Commun. ACM, 2016, 59(2): 64–73.

[166] SCHUHMANN C, VENCU R, BEAUMONT R, et al. Laion-400M: Open dataset of clip-filtered 400 million image-text pairs[EB/OL]. 2021. https://arxiv.org/abs/2111.02114.

[167] ZELLERS R, BISK Y, FARHADI A, et al. From recognition to cognition: Visual commonsense reasoning[C]//2019 IEEE/CVF Conference on Computer Vision and Pattern Recognition (CVPR). Los Alamitos, CA, USA: IEEE Computer Society, 2019: 6720-6731.

[168] SUHR A, ZHOU S, ZHANG A, et al. A corpus for reasoning about natural language grounded in photographs[C]//Proceedings of the 57th Annual Meeting of the Association for Computational Linguistics. Florence, Italy: Association for Computational Linguistics, 2019: 6418-6428.

[169] XIE N, LAI F, DORAN D, et al. Visual entailment: A novel task for fine-grained image understanding[EB/OL]. 2019. https://arxiv.org/abs/1901.06706.

[170] TAN H, BANSAL M. LXMERT: Learning cross-modality encoder representations from transformers[C]//Proceedings of the 2019 Conference on Empirical Methods in Natural Language Processing and the 9th International Joint Conference on Natural Language Processing (EMNLP-IJCNLP). Hong Kong, China: Association for Computational Linguistics, 2019: 5100- 5111.

[171] KIM W, SON B, KIM I. Vilt: Vision-and-language transformer without convolution or region supervision[C]//Proceedings of Machine Learning Research: volume 139 Proceedings of the 38th International Conference on Machine Learning. Virtual: PMLR, 2021: 5583-5594.

[172] XIE Y, WANG X, WANG R, et al. A fast proximal point method for computing exact wasserstein distance[C]//Proceedings of Machine Learning Research: volume 115 Proceedings of The 35th Uncertainty in Artificial Intelligence Conference. Tel Aviv, Israel: PMLR, 2020: 433-453.

[173] KUZNETSOVA A, ROM H, ALLDRIN N, et al. The open images dataset v4: Unified image classification, object detection, and visual relationship detection at scale[J]. International Journal of Computer Vision, 2020, 128: 1956-1981.

[174] SHAO S, LI Z, ZHANG T, et al. Objects365: A large-scale, high-quality dataset for object detection[C]//2019 IEEE/CVF International Conference on Computer Vision (ICCV). Los Alamitos, CA, USA: IEEE Computer Society, 2019: 8429-8438.

[175] GAO L, BIDERMAN S, BLACK S, et al. The pile: An 800GB dataset of diverse text for language modeling[EB/OL]. 2021. https://arxiv.org/abs/2101.00027.

深智數位
股份有限公司

深智數位
股份有限公司